鱼类行为研究与过鱼设施
流速设计

黄应平　蔡　露　袁　喜　涂志英　著

科学出版社

北　京

内 容 简 介

本书以著者团队的研究成果为基础，结合国内外最新的研究进展，首先介绍水利水电工程对河流环境的影响及鱼类保护相关内容，从而引出过鱼设施和鱼类游泳特性研究，阐述鱼类游泳特性的研究内容、测试方法和评价模型。然后从外界环境因素（主要包括水温、水流、光照、可溶性污染物等）和鱼类自身因素（主要包括形态、摄食/饥饿、运动疲劳等）对鱼类游泳特性产生的影响展开分析讨论。最后将鱼类游泳特性与过鱼设施流速设计结合起来进行分析，并对今后的鱼类行为和过鱼设施研究进行展望。

本书可作为综合性大学水利、水产、农业与师范院校生命科学及其相关专业的高年级本科生和研究生教材或参考书，亦可供水利、水产、农业与动物保护等方面的研究人员和科学技术工作者参阅。

图书在版编目（CIP）数据

鱼类行为研究与过鱼设施流速设计 / 黄应平等著. —北京：科学出版社，2020.7

ISBN 978-7-03-065108-2

Ⅰ. ①鱼… Ⅱ. ①黄… Ⅲ. ①鱼类-动物行为-行为科学-研究 ②过鱼设施-流速-设计 Ⅳ. ①Q959.4 ②S956

中国版本图书馆 CIP 数据核字（2020）第 080791 号

责任编辑：杨光华 / 责任校对：高　嵘
责任印制：彭　超 / 封面设计：苏　波

科学出版社 出版
北京东黄城根北街16号
邮政编码：100717
http://www.sciencep.com

武汉市首壹印务有限公司 印刷
科学出版社发行　各地新华书店经销

*

2020 年 7 月第 一 版　　开本：B5（720×1000）
2020 年 7 月第一次印刷　　印张：10 1/4
字数：206 000

定价：**78.00 元**
（如有印装质量问题，我社负责调换）

前　　言

　　水利水电工程建设是人类改造自然、利用自然的重要内容。水利水电工程具有防洪、发电、供水、旅游、航运等重要功能，有着巨大的经济和社会效益。但同时，水利水电工程对河流生态系统也产生了一定的影响。其工程使得河流原有的水文情势发生了改变，鱼类栖息环境也发生了改变，并且对鱼类的自由迁移产生了阻隔。这些影响使得鱼类索饵、繁殖、发育等方面也发生了改变，继而使得鱼类资源发生了一定的变化。

　　与鱼类洄游和过鱼设施相关的鱼类游泳特性研究是本书探讨的主要内容，本书探讨在实验室受控水体条件下鱼类游泳特性及其对环境因素和自身因素的响应，期望通过研究鱼类游泳特性对过鱼设施流速设计提供一定的支撑。本书第 1 章概述水利水电工程对河流环境的影响及鱼类保护，第 2 章阐述鱼类游泳特性研究现状，第 3 章研究环境因素对鱼类游泳特性的影响及评价，第 4 章探讨自身因素对鱼类游泳特性的影响，第 5 章对过鱼设施流速进行案例设计并提出对未来研究的 5 点建议。

　　鱼类在运动过程中所表现出来的游泳能力、运动形态和生理代谢等方面是鱼类游泳特性的重要组成部分。游泳能力指标包含鱼类的持续游泳速度、耐久游泳速度、爆发游泳速度等速度指标；运动形态指标包含鱼类的身体摆动模式、摆动率、摆动幅度等指标；生理代谢包含鱼类的耗氧率、排氨率、耗能率等指标。鱼类游泳特性研究方法通常可分为两类：实验室研究和野外研究。虽然野外研究获取的研究结果具良好的真实性，但由于野外研究具有很多不确定因素，研究结果的稳定性通常不理想，且野外研究成本较高。现存的鱼类游泳特性研究报道以实验室研究为主。鱼类游泳特性研究之初主要围绕鱼类游泳速度展开，而较少涉及鱼类形态学和生理学，随着各种研究手段和技术的不断完善，鱼类形态学和生理学慢慢渗透到鱼类游泳特性研究中，其评价模型也越来越丰富。鱼类游泳特性研究，特别是针对洄游鱼类、珍稀鱼类和重要经济鱼类，也越来越被人们所重视。

　　水介质是鱼类赖以生存的基本环境，鱼类的运动和呼吸都依赖于水体。水流速度与形态及水温是影响鱼类游泳特性的重要因子。鱼类在河道内或在过鱼设施内上溯时，水流速度一般和鱼类游泳速度呈正相关关系，当鱼类游泳速度变快，其耗氧和耗能均会随之变大。不同鱼类对不同水流形态的趋避反应各不相同，过鱼设施内的水流形态会对鱼类的上溯产生较大影响。在一定温度范围内水温和鱼类游泳能力呈正相关关系，且随着鱼类游泳速度的变快和温度升高，鱼类基础代谢率增大，其耗氧和耗能均会随之变大。但当水温超出适宜范围且继续升高时，其游泳能力则会随之下降。因此应将过鱼季节水温变幅对鱼类游泳能力的影响纳入过鱼设施流速设计的考虑因素。

鱼类游泳特性对其形态、摄食状况和运动疲劳等自身因素均有特定的响应方式。在一定体长范围内，鱼类的相对耐久和爆发游泳速度（体长/s）均与体长呈负相关关系；而绝对耐久和爆发游泳速度（m/s）均与体长呈正相关关系。这对于游泳特性预测和鱼类过坝能力预测具有一定指导作用，对较难获取足够鱼类样本的研究具有一定参考意义。食物资源存在时空差异性，摄食不足是鱼类在自然界经常遭遇的逆境之一，摄食不足导致的饥饿会使得鱼类游泳特性发生改变，特别是会降低鱼类游泳能力。鱼类在生殖洄游过程中，通常仅少量摄食甚至长时间不摄食，摄食量较少甚至停食对鱼类游泳能力的影响应该作为过鱼设施流速设计的考虑因素。过鱼设施进口和池室间过鱼孔的流速较大，鱼类通过过鱼设施时，不可避免需要使用爆发游泳速度和临界游泳速度上溯。当鱼类在通过设计欠佳的过鱼设施时，鱼类不可避免地会反复表现出运动疲劳状态并且其游泳特性发生改变，使其无法通过整个过鱼设施。因此研究运动疲劳对游泳特性的影响也非常重要。

本书最后列举了技术型鱼道和升鱼机的流速设计案例分析。根据文献调研结果和著者的经验及思考，建议今后鱼类行为和过鱼设施研究可以从5个方面来开展：①推进复杂流场条件下鱼类游泳特性研究；②扩大过鱼设施目标研究对象的种类；③评估鱼类通过过鱼设施后产生的生理学损伤；④建立鱼类游泳特性研究数据处理的标准化方法；⑤建立过鱼设施效果监测的统一标准。

著者及其研究团队开展鱼类游泳特性研究近10年，在国家自然科学基金"雅砻江水电开发联合研究基金"重点项目"雅砻江梯级水电开发生态环境效益和影响定量评价与调控机制"子项目"梯级水电开发的河流生态系统效应研究"（No：50639070-4）、国家自然科学基金面上项目"水电开发对雅砻江鱼类栖息地生境适宜度影响与评价"（No：50979049）、国家自然科学青年基金项目"摄食、运动疲劳和运动训练对裂腹鱼游泳特性影响研究及评价"（No：51609155）和"雅砻江裂腹鱼游泳行为研究及其通过鱼道能力评价"（No：51309140）、国家自然科学基金面上项目"鱼道特征流场下雅砻江裂腹鱼的游泳行为及生理响应研究"（No：51679126）、三峡大学学科建设项目（No：8190601）等项目的资助下积累了一定的研究成果，并对本书内容形成了一定的支撑。研究工作及成果得到了刘德富教授、David Johnson教授、陈求稳研究员、石小涛教授、雷帮军教授、李卫明教授、高勇研究员、刘国勇副教授等老师的帮助，得到了三峡大学水利与环境学院、生物与制药学院和三峡库区生态环境教育部工程研究中心及三峡地区地质灾害与生态环境湖北省协同创新中心的支持。本著作凝结了研究团队成员多年来的研究心血，他们是韩京成、房敏、甘明阳、Prashant Mandal、Rachel Taupier、靖锦杰、蒋清、徐勐、刘谢驿、Haris Ali 等。本书应用了国内外许多学者的观点与图表，在此也表示衷心的感谢。本书由黄应平教授主持撰著，蔡露、袁喜和涂志英共同撰写。本书完成过程中，重庆师范大学付世建教授、武汉大学常剑波教授提出了宝贵的修改意见和建议，在此表示真诚的感谢。

由于著者水平有限，书中难免有疏漏之处，恳请前辈及同仁批评指正。

作　者
2020 年 1 月

目　　录

第1章
水利水电工程对河流环境的影响及鱼类保护

1.1 水利水电工程对河流环境的影响

　　水利水电工程建设是人类改造自然、利用自然的重要内容。水利水电工程具有防洪、发电、供水、旅游、航运等重要功能，有着巨大的经济和社会效益。水电开发作为清洁能源在世界各国普遍受到重视，尤其在我国能源战略中起着举足轻重的作用。但同时，水利水电工程对河流生态系统产生了一定影响。

　　对水体物理和化学特性的影响。水库运行一般会产生低温水下泄，并且使得下游局部河段溶解气体过饱和，此外，库内的蓄水作用则会引起水体酸度增加及营养盐积累。因此会降低下游河道的初级生产力和鱼类繁殖力，还会使得库内生长出大量藻类。

　　对河流水文、水动力特性的影响。水库运行改变了河流自然水文情势，进而影响河道内流量、水位、流场和地下水水位等，并引起河床地貌演变，进而对河道及洪泛平原的生态环境产生影响。

　　对区域生态系统的影响。水库运行改变了径流峰值和脉动频率，对水文情势的改变可能导致洪泛区湿地减少、生物多样性减损和局部生态功能退化，分割下游主河道与冲积平原的物质联系及生态系统的食物链，从而影响区域生态系统的结构和功能，甚至洪泛平原的生态过程。

　　对河流生态系统结构和功能的影响。水库蓄水后，生物群落随生境变化，经过自然选择和演替，形成一种新平衡。库区内水动力减弱、透明度增加，水生态系统由以底栖附着生物为主的"河流型"异养体系向以浮游生物为主的"湖沼型"自养体系演化；大坝阻隔了洄游性鱼类的通道，影响物种的交流；河流水位的急剧变化引起浅滩交替的暴露和淹没，影响鱼群的栖息、索饵和产卵。

水利水电工程对河流生态系统的影响可划分为三个层次结构（Post，2002）。第一层是水利水电工程修建后对河流下游进行物质输送，如泥沙、悬浮物、养分等，并对能量流动、河流水文情势、水量变化、水质产生影响。第二层是河流的物质输送和能量流动发生变化后，对河道结构、河道形态、河床底质组成和河流生态系统结构和功能、种群数量、物种数量、栖息地产生影响。第三层主要是对鱼类、无脊椎动物、鸟类和哺乳动物产生影响，综合反映第一和第二层影响引起的变化。

河流的流量影响鱼类的洄游、迁徙、产卵等生命活动，也影响河岸生物栖息地和洪泛平原补给地下水水源及营养物质输送。而修建大坝引起河流水文、水力条件的改变，导致河流、河岸、洪泛平原等各类生态环境产生相应的变化（Silk & Ciruna，2004）。水库蓄水后对河流流量的调节，使得下游的河道流量模式发生改变；水库的调度方式、库容、泄流建筑物位置等影响河流原有物质和能量结构、生态系统的结构和功能。据报道，全球已有至少 172 条河流明显受到水利工程的干扰，特别是对那些物种多样性丰富的河流（Nilsson et al.，2005；Dynesius & Nilsson，1994）。如水利工程对中国的长江生态环境的影响属于强烈程度，而对亚马逊河和刚果河的影响属于中度程度。

河流为鱼类提供生存的空间，同时还提供满足鱼类生存、生长和繁殖的全部环境因子，如水温、流速、水质、底质、覆盖物、饵料等。鱼类生活周期中部分甚至全部生命阶段需要某种特定的水文、水力学条件（Scharbert & Borcherding，2013；Iii et al.，2005）。大坝建设阻断河流的连通性，减小河水流速，大坝近处水文降低或大坝建设导致下游来水量下降，沉积物特征及量发生变化，对鱼类产卵及卵的漂流发育等产生不利影响，从而影响洄游性或半洄游性鱼类的生长与繁殖（Zhong & Power，1996）。一定宽度和深度的河流拥有充足的空间位置和水量，才能支持鱼类洄游，保证鱼类生长、繁殖和发育。适宜的水流速度与温度，对鱼类索食与越冬起到了重要作用，对鱼类水生生态环境的恢复重建、鱼类的栖息地的恢复有着重要作用（Layzer et al.，1989）。

大坝蓄水会导致水库呈现垂向的水温分层，上游泄水时上层水引起下游水升温，改变生物群落的循环；下层冷水下泄导致河流降温，降低生产力，使群落组成向较冷的种类演化。从大坝泄出的凉水和冷水，流动状态不稳定，使鱼类不能利用稳定的季节性产卵环境，会削弱或消除坝下尾水中的温水性渔业（邓云 等，2008）。水库下游河道季节性水温变化往往表现为春、夏季水温下降，秋、冬季水温升高。通过水温对鱼类代谢的干扰，影响其行为及食物的消化吸收等生理机能（Emily et al.，2008；Lawrence，2007）。水温升高能够导致鱼类维持机体能量需求增加，在某一温度以下鱼类的生长速度随着温度的升高而加快，超过适宜温度鱼类的生长速率会停止或下降，不同鱼类的适宜水温存在差异。梯级水库联合调度中，下泄水温过程延迟和均一化现象进一步加强，温度累积效应对全流域生态环境产生巨大的影响（黄峰 等，2009；邓云 等，2008）。达氏鲟原在 3、4月产卵（水温为 15℃以上），因为水温降低，产卵时间推迟到 5 月，其繁殖受到严重影响（Walker，1985）。丹江口水利枢纽的建成使得汉江中游水库水温降低，四大家鱼产卵场发生变迁，繁殖季节推迟和产卵场的规模缩小（周春生 等，1980）。而且由于水温分层，上下层之间的气体传输受到抑制，溶解氧的分布产生明显差异。过饱和溶解氧或低溶解氧都可能导致鱼类触感损伤，逃逸能力降低（Lefrançois & Domenici，2006），引起鱼类呼吸和代谢紊乱，鱼类摄食量降低、食物转化效率下降，生长缓慢（Chabot & Claireaux，2008）。

　　流量是影响鱼类生长、繁殖的重要因素之一。雅砻江梯级水电站开发，金沙江对二滩坝后到江口的金沙江段半洄游性鱼类（如圆口铜鱼、长吻鮠等）资源的补充几乎完全丧失，适宜栖息静水和缓流环境的鱼类逐渐在库区占主导地位，适应急流环境的种类主要分布于库尾和支流等局部水域中（韩京成 等，2009）。由于大坝的隔离，下游河道流量减小，葛洲坝区域及三峡库区洄游性鱼类失去了原有丰富的栖息地，我国特产珍稀鱼类中华鲟（*Acipenser sinensis*）的生活习性被扰乱，长江干支流四大家鱼的生长与繁殖受到威胁（王玉蓉 等，2007；易雨君 等，2007）。鱼类产卵发育过程中，产卵活动需要流水的刺激，而且漂浮性卵需要一定的流速才能漂浮到下游进行正常的生长发育（易伯鲁 等，1988）。小浪底水库运行后，黄河流量脉冲、小洪水及大洪水等水文生态指标减少甚至消失，导致黄河鲤鱼生存和繁衍的栖息地及摄食场地减少（蒋晓辉 等，2010）。三峡水库蓄水后，坝下四大家鱼自然繁殖期总涨水时间和平均涨水时间减少，对四大家鱼自然繁殖的刺激效果减弱，库区四大家鱼产卵场上移；在平水年和枯水年水文条件下，通过大坝生态调度，能够较好促进长江中游四大家鱼的自然繁殖（曹广晶和蔡治国，2008）。

　　水体泥沙一方面携带了丰富的营养物质，另一方面泥沙的比表面积较大，能够增加水体的溶解氧含量。但是，泥沙对有毒有机污染物的吸附作用也比较大，泥沙将大量的有毒有机污染物及重金属带入河流下游，而且大量的泥沙会覆盖鱼类栖息地，对鱼类产卵栖息地产生影响（黄岁樑和Onyx，1998）。河流上游建坝蓄水阻断了营养物质的流动，妨碍整个生态系统中营养物质的流动，影响下游水库、河道、河口环境和海洋环境的渔业生产。

　　水的流动、营养物质循环、泥沙沉积物运动和生物的流动分别在径向、横向、垂向和时间的维度上发生改变。水库联合调度能有效地抵御大洪水。大坝改变了河流径向连通性的密度、程度和实时性，也改变了河流上下游的横向连通性。泥沙、营养物质、残渣和上下游的水生动植物的运动迁移被阻碍或推迟。大坝作为一种影响物种流动的物理障碍，使物种组成改变，并降低了物种的丰度。大坝引起的生物变化主要包括：迁徙性鱼类消失或改变；生境破碎和物种隔离；特殊栖息地物种灭绝；静水性物种和非本地物种增多等。通过不同生长阶段鱼类的生理生态行为的研究，从内因与外因因素分析鱼类各种行为产生的机制，对量化河流生态健康，指导河流生态环境恢复，保护生物多样性，运作水利工程等具有现实指导意义。

1.2 水利水电工程对鱼类的影响

1.2.1 对鱼类索饵的影响

水利水电工程建设后，河流生态环境的改变对渔业资源造成的影响成为人们关注的焦点。例如三峡大坝的修建影响长江珍稀鱼类的生存，特别是一些洄游性鱼类的生存。随着水位的上涨，水中溶解氧、光照、水深及库区的水温都随之改变；洪水或库区蓄水期间，均有大量的外来营养物质（陆生植物、碎屑及土壤有机物）从长江的上游、库区两岸及众多的支流输入三峡库区。水体营养成分组成及鱼类食物来源发生改变，对库区鱼类群落结构及营养关系产生影响。

筑坝河流具有大面积的稳定水域，截留大量营养物质，提高了磷滞留能力；上游流域库坝滞留的磷酸盐，主要被沉积物和底栖生物所吸收。三峡大坝的修建增加了长江水在库区的滞留时间，外来有机物在库区汇集、分解，为库区浮游植物和藻类提供了丰富的有机物来源，也为浮游动物提供了丰富的食物来源（王松波 等，2013），浮游生物、底栖动物等生物量的增加为鱼类提供了丰富的饲饵。Delong 等（2011）调查指出大坝建设导致鱼类营养级降低，建坝后库区食腐屑鱼类种群数量大幅度增加，而以陆源有机物为能量来源的鱼类种群数量则相对减少（Merona et al.，2005）。Powers 和 Orsborn（1985）发现建坝后水文条件改变和季节性食物资源短缺，使得河流鱼类营养级下降。Alenxandre 等（2015）指出，未受人类建坝截流影响的河流，鱼类饵料资源多样性高，无脊椎动物饵料资源丰富；而受建坝影响的河流，鱼类食物资源单一，且以植物腐屑为主。

1.2.2 对鱼类繁殖、发育的影响

水流是河流生态系统的内在驱动力，洪水、干旱等自然扰动情势虽然在一定程度上破坏了河流的生态稳定，但从进化角度讲，对于鱼类生活史的塑造，构造生态过程和水生、河流生态群落的生产力都有重要的意义。水利水电工程的建设

阻碍了河流的径向连通性，河流原水文水动力学条件发生了明显的变化。一方面，大坝为调蓄洪峰发挥了重要的作用，使水流流量波动幅度变小；另一方面，大坝改变了整个下游河道的流量过程，使下游河道水位下降，甚至断流，导致下游生态水量供应不足，对水生生物产生威胁。在雅砻江锦屏大河湾段，锦屏二级引水隧道的开挖将导致大河湾段 150 km 干涸。涨水过程对鱼类产卵至关重要，尤其对于适应了急流环境的鱼类，水流的流速、流量往往是刺激因素，在固定的水流状态或范围条件的激励调控下，鱼类才能正常产卵（Zhang et al.，2018a）。并且漂浮性卵需要一定的流速才能漂浮到下游进行正常的生长发育，库区流速变缓缩短了上游漂流性卵的漂流距离，导致鱼类早期死亡率提高。坝下水库的调节作用，鱼类繁殖所需的涨水条件得不到满足，导致部分产卵场规模缩小甚至消失（周春生 等，1980）。丹江口水利枢纽兴建后，流速变缓，卵孵化漂流流程较短，部分鱼卵在孵化前流入水库沉入水底，致使汉江坝上江段原来一些产漂流性卵鱼类的产卵场在建坝后逐渐消失。梯级电站的调度过程中，特别是调峰运行，水位频繁涨落导致产黏性或沉性鱼类的受精卵和仔幼鱼搁浅死亡，对鱼类繁殖不利（蒋艳 等，2009）。小浪底水库运行后，黄河水文生态指标的流量脉冲、小洪水及大洪水消失或降低影响了黄河鲤鱼生存和繁衍（蒋晓辉 等，2010）。季节性洪水周期的破坏对当地某些鱼类的产卵和资源量的补充产生了消极影响（易伯鲁 等，1988），通过水库生态调度，能够较好促进长江中游四大家鱼的自然繁殖。大坝蓄水导致河流片段化，坝下河流变成了相对静止的湖泊，流速、水深、水温结构及水流边界条件等都发生了重大的变化；大坝泄水导致下游河床冲刷，鱼类产卵和生存需要的特殊基质发生了改变。随着静水区域的扩大，流域鱼类区系将发生变化，静水湖泊型鱼类不断增多，成为优势鱼类，而那些特有的高原或需要特殊生境的鱼类会因此发生退化和消失。

温度对于鱼类繁殖和早期发育具有重要的意义，高坝下泄水流温度在夏季低于天然水温，而在冬季高于天然水温，导致低温/高温水下泄，不同的鱼类对水温的反应不一样，与天然水温差异较大的下泄水将显著影响下游河道的鱼类资源（彭期冬和廖文根，2006）。裂腹鱼和圆口铜鱼的生活史前期生存生长需要固定的温度范围（陈礼强 等，2008）；西伯利亚鲟幼鱼最适生长温度为20.2～20.7℃（Huang et al. 2007）。水温正常的自然波动往往是鱼类生理周期的信号，而人类干扰下的水温情势可能会引起鱼类的生理协调紊乱，阻碍鱼类正常发育、繁殖。

1.2.3 对鱼类资源的影响

大坝下游河流的日流量因筑坝发生急剧变化，河道冲刷下降，影响了河床地质的稳定性和河道的地貌形态，并导致下游河床基质因为大量颗粒泥沙的沉积发生变化，孵卵栖息地的生态环境质量降低，鱼类和底栖生物的生存受到影响。鱼类的产卵场、索饵场、越冬场等对栖息环境有不同的需求，河流景观的异质结构是鱼类生存、繁衍的必要条件。鱼类在长久的进化历程中，对河流景观形成了较强的适应性和依赖性。鱼类是水生态系统的重要指示性生物，随着生境改变、水质污染、航运和过度捕捞等诸多因素的影响，鱼类资源量在不断下降（图 1.1）。河流过度开发利用导致河流生态系统的退化和水生生物多样性的丧失，大坝建设等人类活动①破坏了河流自然扰动情势；②弱化了环境异质梯度；③切断了交互通道，截断了上下游间的连接，使河流脱离了水域和洪泛平原系统成为单一的河道；④库区水位调蓄，岸边涨落形成消落带，土壤盐渍化而易发生水土流失，水库相对静止的环境使污染物扩散缓慢，造成污染物沉积；而且下游水量减少，水体自净能力降低，引起下游水质下降。对具有（半）洄游性的鱼类而言，大坝阻隔了其洄游通道，使其无法完成生活史（Xie，2003）。梯级水电站开发，半洄游性鱼类（如圆口铜鱼、长吻鮠等）在二滩到江口金沙江段栖息地几乎完全丧失，偏好静水和缓流环境的鱼类逐渐在库区占主导地位，而适应急流环境的鱼类主要分布于库尾和支流等流速高的局部水域（韩京成 等，2009）。由于大坝的阻隔，坝下游河道流量减小，洄游性鱼类失去了原栖息地，扰乱了珍稀濒危鱼类中华鲟的生活习性，威胁了长江干支流青鱼、草鱼、鲢、鳙的生长与繁殖（王玉蓉 等，2007；易雨君 等，2007）。三峡大坝建成完全改变了长江上游河道，导致 162 种鱼类（长江流域上游 54%的鱼类，其中 44 类为本地物种）栖息地丧失，尤其是中华鲟（Chang，2001）。

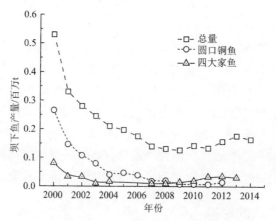

图 1.1　2000～2014 年三峡库区坝下鱼类产量变化
数据来源于《长江三峡工程生态与环境监测公报（2000～2014 年）》

河流生境为鱼类生存提供了适宜的场所,梯级水电开发大坝建成后,截断了上下游的联系,使洄游性鱼类洄游受阻,阻碍了上下游之间的交流。河道大部分将被水淹没形成静水区,景观纵向、横向和垂直三维生境遭到破坏。二滩大坝建成后,由于人工放养,静水湖泊型鱼类增多,而雅砻江特有的高原鱼类裂腹鱼等明显减少,鲫、鲤等静水湖泊型鱼类成为优势物种。

1.3　鱼类的保护措施

水利水电工程对鱼类的的影响主要是两个方面:一是阻隔作用,阻断了鱼类的洄游通道,使鱼类种群隔离,从而使得鱼类遗传多样性受到威胁,并且资源量下降;二是改变了鱼类原来生存水体的原本规律,并使得鱼类无法适应新水体,继而造成鱼类资源的下降。

理论上讲,栖息于这一水域中的所有鱼类都应该作为保护对象。但由于不同鱼类的保护价值和保护需求不同,有必要确定优先保护对象,然后再扩大保护类群,确定次级保护对象等,以使保护主题更为明确,进而使保护的效率最大化。水利水电工程背景下流域鱼类的保护与修复措施主要包括增殖放流、修建过鱼设施、栖息地保护和生态调度等。

1.3.1　增殖放流

水利水电工程对鱼类资源的影响可以通过人工增殖放流措施进行恢复,鱼类增殖放流是水电工程建设中鱼类保护措施中的重要内容。人工增殖放流即采用人工手段向某一鱼类栖息水域补充投放一定数量的鱼苗,以保护和恢复鱼类种群数量。增殖放流主要包括:增殖放流对象的确定、亲鱼数量的确定、增殖放流的数量和规格、工艺流程设计、增殖放流地点的确定等。目前,人工增殖措施在水电工程建设中采用较多,建成并运行的有索风营鱼类增殖放流站、向家坝鱼类增殖放流站、思林鱼类增殖放流站、功果桥鱼类增殖放流站等,在鱼类保护中起到重要的作用。哥伦比亚河上的大坝保护洄游性鱼类的措施之一就是建造孵化场所;我国为缓解葛洲坝对中华鲟等珍稀鱼类产卵洄游的影响,也采用了人工增殖放流的方法;向家坝增殖放流站的放流对象包括珍稀鱼类 3 种(白鲟、达氏鲟、胭脂鱼)和特有鱼类 6 种(厚颌鲂、长薄鳅、岩原鲤、四川白甲鱼、长鳍吻鮈、圆口铜鱼);乌江彭水水电站沿河放流对象包括胭脂鱼、岩原鲤、中华倒刺鲃、白甲鱼、华鲮等。

1.3.2　过鱼设施

过鱼设施不仅仅是鱼类洄游的通道，更是上下游物质与能量循环的生物廊道（Mao，2018；Silva et al.，2018；Wilkes et al.，2018；Oohira et al.，2007）。过鱼设施是连通鱼类洄游或迁移的工程措施，主要包括鱼道、仿自然旁通道、鱼闸、升鱼机和集运鱼系统等（FAO/DVWK，2002）。国内过鱼设施建设起步相对较晚，首次提及修建鱼道是在富春江七里垄水电站规划建设工程。洋塘鱼道是我国第一座具有厂房集鱼系统的河川水电站枢纽型鱼道，此外还有斗龙港鱼道、太平闸鱼道、长洲鱼道等。除此之外，许多大坝还采用过鱼闸、升鱼机及一些辅助设施，如旁通斜道、拦鱼栅网等协助鱼类通过大坝。鱼道对于减缓大坝的阻隔影响，帮助鱼类和其他水生生物物种在河流中洄游具有重要的意义。20 世纪 60 年代以来我国规划、设计并建造了一定量的鱼道，但大部分鱼道运行效果与预期有一定差距。现有鱼道不足主要原因包括：①鱼道的位置不好或水道流量原因引起的过鱼设施入口处的水流不够等，导致过鱼设施缺乏吸引力；②过鱼设施的设计对于洄游季节的上、下游水位变化考虑不足，导致鱼道水量过小或过大，鱼道入口处水位降落幅度过大；③鱼道运行维护不充分，造成鱼道淤积、堵塞；④鱼道内水力条件不适合过鱼对象（蔡露 等，2020；Katopodis et al.，2019；Silva et al.，2018）。鱼道设计必须在充分研究和认识实际情况下，科学合理有据地选择鱼道位置、形式、规模与坡度，同时也可能需要创造诱鱼水流条件，重新布置或者调整建筑物各要素的位置。

1.3.3　栖息地保护

水库形成后，坝上蓄水对栖息地造成大面积淹没，坝下水文情势改变导致栖息地面积减少，在水利水电工程建设必须进行的情形下，通过对流域环境结构进行统筹分析，选择微生境层次丰富的河流段建立水域多样性管理区，为濒危和特有种类提供栖息场所。栖息地保护方式包括：①支流保护，选具有代表性的支流作为保护区，保护受影响的鱼类，从而减缓工程对鱼类的影响；②栖息地再造，通过生态水文学计算，将鱼类"适宜生境"量化为水文、水温等数值（Zhang et al.，2018b），并根据这些数据优化规划方案、调整设计参数和运行方式，以实现人工再造适宜栖息地（Zhang et al.，2019）。2005 年以后国内的水电项目基本采用了干流河段（或部分干流河段）、支流河段（或一定长度的支流河段）或者干流+支流的栖息地保护措施。然而，目前我国栖息地保护在措施布局、流域的水生生境条件、鱼类基础技术研究、鱼类保护措施运行管理等方面仍存在一定的问题，主要表现在：①栖息地布局不合理，电站各自为政，存在为了保护而保护的现象，整个流域统筹不够，难以发挥整体优势；②水生生境遭到破坏，过度捕捞、堵河截流、工农业生产废水排入、航道疏浚及外来物种入侵等，都对鱼类生境造成巨大的影响；③鱼类的生物学研究比较薄弱，鱼类生态需求了解不透彻，有关鱼类保护与水文条件、地形、水质等非生物因子之间的关系以定性描述为主，相关基础技术研究亟待加强；④建设及管理不成熟，缺乏相应技术规范。

1.3.4　生态调度

生态调度对于实现河流水资源的可持续利用、改善水库下游河流自然生态环境、恢复大坝修建后河流的生态功能都非常重要。目前国外水库生态调度已发展到应用实践阶段，水库运行时，除考虑防洪、发电、灌溉、供水等目标外，还需考虑河流生态流量、水质改善、湿地保护、生物栖息地适宜性等因子。Zhang 等（2018a）研究了水库调度方式对鱼类栖息地的影响，并提出了适宜鱼类生存的生态调度蓄水量。国内水库生态调度研究与实践尚处于借鉴和吸收国外生态调度经验的阶段。为缓解三峡蓄水发电对四大家鱼的不利影响，自 2003 年起长江防总对三峡水库连续三年实施生态调度试验。在每年四大家鱼产卵期，加大三峡水库下泄流量，人为提升长江水位并制造洪峰，以刺激鱼类产卵。监测结果显示，试验性生态调度所实现的水文过程能够明显促进四大家鱼的自然繁殖。水库环境内容非常宽阔而复杂，涵盖水库入流水文环境、流域变动回水区环境、库区体态环境、水库泄流环境、干支流库区水环境、物质输移环境、水库生物生存需求环境及水库抗风险综合能力等，甚至可以说水库防洪、发电、航运、供水状态和程度等都属于水库环境内容。水库环境调度在保证工程安全的前提下，按照水库主次功能作用，依次保证水库功能效益，提高环境效益。因此，水库环境调度首先要解决好的是水库多功能效益发挥的优化环境问题，在水库防洪、发电、航运、灌溉、供水等功能目标中给出一个最优的效益环境；其次是在库区水利环境（包括水环境）、水利工程安全环境中充分考虑保证库区良性环境的必要约束条件。

1.3.5　分层取水

水库下泄水流多为低温水，会使下游河道的水温下降而改变原河道的天然水温分布，将对下游河道水环境产生一定的负面影响，例如干扰下游喜温鱼类的生长繁殖等（Caudill et al.，2013；Lessard & Hayes，2010）。为尽量避免不利影响，有效保护下游河道的鱼类，国内外已经在水库工程中考虑采用如分层取水结构控制下泄水流温度（吴莉莉 等，2007）。如北盘江光照水电站取水建筑物设计形式，采用叠梁门分层取水方案。在采取分层取水措施后，北盘江全年平均下泄水水温为 14.6℃，比原设计方案提高了 3.1℃，有效地减缓了下泄的低温水体对下游主要经济鱼类及重点保护鱼类产生的不利影响。叠梁门分层取水结构能够有效提高水库泄水温度，最大程度减缓水库低温水下泄对生态系统的不利影响，实现生态环境保护和经济效益的较好协调，是适合国内生态友好型大型水库工程建设的一种保护措施。根据四大家鱼或中华鲟产卵和孵化条件等因素，适时采用适宜的取水方式控制或改善泄水水温，对三峡大坝下泄水量进行管理和控制达到对鱼类资源的保护等还需进一步研究。

参 考 文 献

蔡露, 张鹏, 侯轶群, 等, 2020. 我国过鱼设施建设需求、成果及存在的问题[J]. 生态学杂志, 39: 292-299.

曹广晶, 蔡治国, 2008. 三峡水利枢纽综合调度管理研究与实践[J]. 人民长江, 39: 1-4.

陈礼强, 吴青, 郑曙明, 等, 2008. 细鳞裂腹鱼胚胎和卵黄囊仔鱼的发育[J]. 中国水产科学, 15: 927-934.

邓云, 李嘉, 李克锋, 等, 2008. 梯级电站水温累积影响研究[J]. 水科学进展, 19: 273-279.

韩京成, 诸葛亦斯, 黄应平, 等, 2009. 水电开发背景下雅砻江鱼类资源的生态保护[J]. 三峡大学学报(自然科学版), 31: 15-19.

黄峰, 魏浪, 李磊, 等, 2009. 乌江干流中上游水电梯级开发水温累积效应[J]. 长江流域资源与环境, 18: 337-342.

黄岁樑, ONYX W W H, 1998. 水环境污染物迁移转化研究与泥沙运动[J]. 水科学进展, 9: 205-211.

蒋艳, 冯顺新, 马巍, 等, 2009. 金沙江下游梯级水电开发对鱼类影响的分析[J]. 水力学与水利信息学进展, 63-69.

蒋晓辉, 赵卫华, 张文鸽, 2010. 小浪底水库运行对黄河鲤鱼栖息地的影响[J]. 生态学报, 30: 4940-4947.

彭期冬, 廖文根, 2006. 大坝对鱼类影响的生态水力学研究浅述[C]. 第七届全国环境水力学学术研讨会, 548-553.

王松波, 耿红, 吴来燕, 2013. 三峡水库蓄水后库区浮游植物研究进展[J]. 中南民族大学学报(自然科学版), 32: 19-23.

王玉蓉, 李嘉, 李克锋, 等, 2007. 水电站减水河段鱼类生境需求的水力参数[J]. 水利学报, 38: 107-111.

吴莉莉, 王惠民, 吴时强, 2007. 水库的水温分层及其改善措施[J]. 水电站设计, 23: 97-100.

易伯鲁, 余志堂, 梁秩燊, 等, 1988. 葛洲坝水利枢纽与长江四大家鱼[M]. 武汉: 湖北科学技术出版社: 47-68.

易雨君, 王兆印, 陆永军, 2007. 长江中华鲟栖息地适合度模型研究[J]. 水科学进展, 18: 538-543.

周春生, 梁秩燊, 黄鹤年, 1980. 兴修水利枢纽后汉江产漂流性卵鱼类的繁殖生态[J]. 水生生物学报, 7: 175-188.

ALEXANDRE C M, SALES S, FERREIRA M T, et al., 2015. Food resources and cyprinid diet in permanent and temporary Mediterranean rivers with natural and regulated flow[J]. Ecology of Freshwater Fish, 24: 629-645.

CAUDILL C C, KEEFER M L, CLABOUGH T S, et al., 2013. Indirect effects of impoundment on migrating fish: Temperature gradients in fish ladders slow dam passage by adult Chinook salmon and steelhead[J]. PLOS One, 8: e85586.

CHABOT D, CLAIREAUX G, 2008. Environmental hypoxia as a metabolic constraint on fish: The case of Atlantic cod, Gadus morhua[J]. Marine Pollution Bulletin, 57: 287-294.

CHANG J B, 2001. Conservation of endemic fish with cathment management of upper Yangtze//King M M, Jiang T, eds. Flood Risks and Land Use Conflicts in the Yangtze Catchment, China and at the Rhine River[M]. Frankfurk: Peter Lang Publishing: 151-156.

COLLIER M P, WEBB R, SCHMIDT J, 1996. Dams and rivers: A primer on the downstream effects of dams. Reston (VA) [M]. US Geological Survey Circular, Tucson, Arizona: 1126.

DELONG M D, THORP J H, THOMS M C, et al., 2011. Trophic niche dimensions of fish communities as a function of historical hydrological conditions in a Plains river[J]. River System, 19: 177-187.

DYNESIUS M, NILSSON C, 1994. Fragmentation and flow regulation of river systems in the northern third of the world[J]. Science, 266: 753.

EMILY A J, ARIANNE S J, DAVID J E, 2008. The effects of acute temperature change on swimming performance in bluegill sunfish Lepomis macrochirus[J]. Journal of Experimental Biology, 211: 1386-1393.

FAO/DVWK, 2002. Fish passes-design, dimensions and monitoring[M]. Rome, Italy: FAO.

HUANG N Y, CHENG Q Q, GAO L J, et al. 2007. Effect of water current and temperature on growth of juvenile Acipenser baeri[J]. Journal of Fisheries of China, 31: 31-37.

III C R R, TREXLER J C, JORDAN F, et al., 2005. Population dynamics of wetland fishes: Spatio-temporal patterns synchronized by hydrological disturbance[J]. Journal of Animal Ecology, 74: 322-332.

KATOPODIS C, CAI L, JOHNSON D, 2019. Sturgeon survival: The role of swimming performance and fish passage research[J]. Fisheries Research, 212: 162-171.

LAWRENCE C R, 2007. The effect of temperature and thermal acclimation on the sustainable performance of swimming scup[J]. Philosophical Transactions of the Royal Society of London Series B, 362: 1995-2016.

LAYZER J B, NEHUS T J, Pennington W et al., 1989. Seasonal variation in the composition of drift below a peaking hydroelectric project[J]. Regulated Rivers Research & Management, 3: 29-34.

LEFRANÇOIS C, DOMENICI P, 2006. Locomotor kinematics and behaviour in the escape response of European sea bass, Dicentrarchus labrax, L. exposed to hypoxia[J]. Marine Biology, 149: 969-977.

LESSARD J L, HAYES D, 2010. Effects of elevated water temperature on fish and macroinvertebrate communities below small dams[J]. River Research and Applications, 19: 721-732.

MAO X, 2018. Review of fishway research in China[J]. Ecological Engineering, 115: 91-95.

MERONA B, VIGOUROUX R, TEJERINAGARRO F L, 2005. Alteration of fish diversity downstream from petit-saut dam in French Guiana[J]. Implication of Ecological Strategies of Fish Species. Hydrobiologia, 551: 33-47.

NILSSON C, REIDY C A, DYNESIUS M, et al., 2005. Fragmentation and flow regulation of the world's large river systems[J]. Science, 308: 404-408.

OOHIRA Y, NAKANO Y, YUGE K, et al., 2007. Development of small-scale fishway and farmers participatory works for preserving ecological corridor in rice paddy areas[J]. Transactions of the Japanese Society of Irrigation, Drainage and Reclamation Engineering, 75: 93-101.

POST D M, 2002. Using stable isotopes to estimate trophic position, models, methods and assumptions[J]. Ecology, 83: 703-718.

POWERS P, ORSBORN J, 1985. New concepts in fish ladder design, analysis of barriers to upstream fish migration, Investigation of the physical and biological conditions affecting fish passage success at culverts and waterfalls[M]. Pullman: Washington State University.

SCHARBERT A, BORCHERDING J, 2013. Relationships of hydrology and life-history strategies on the spatio-temporal habitat utilisation of fish in European temperate river floodplains[J]. Ecological Indicators, 29: 348-360.

SILK N, CIRUNA K A, 2004. Practitioner's guide to freshwater biodiversity conservation[J]. The Nature Conservancy: 10-45.

SILVA A T, LUCAS M C, CASTRO-SANTOS T, et al., 2018. The future of fish passage science, engineering, and practice[J]. Fish and Fishieres, 19: 340-362.

WALKER K F, 1985. A Review of the ecological effects of river regulation in Australia[J]. Hydrobiologia, 125: 111-129.

WILKES M A, MCKENZIE M, WEBB J A, 2018. Fish passage design for sustainable hydropower in the temperate Southern Hemisphere: An evidence review[J]. Reviews in Fish Biology and Fisheries, 28: 117-135.

XIE P, 2003. Three-Gorges Dams: Risk to ancient fish[J]. Science, 302: 1149-1151.

ZHANG P, YANG Z, CAI L, et al., 2018a. Effects of upstream and downstream dam operation on the spawning habitat suitability of *Coreius guichenoti* in the middle reach of the Jinsha River[J]. Ecological Engineering, 120: 198-208.

ZHANG P, CAI L, YANG Z, et al., 2018b. Evaluation of fish habitat suitability using a coupled eco-hydraulic model: Habitat model selection and prediction[J]. River Research and Applications, 34: 937-947.

ZHANG P, QIAO Y, SCHINEIDER M, et al., 2019. Using a hierarchical model framework to assess climate change and hydropower operation impacts on the habitat of an imperiled fish in the Jinsha River, China[J]. Science of the Total Environment, 646: 1624-1638.

ZHONG Y, POWER G, 1996. Environmental impacts of hydroelectric projects on fish resources in China[J]. Regulated Rivers, Research and Management, 12: 81-98.

第2章
鱼类游泳特性研究现状

  鱼类在运动过程中所表现出来的游泳能力（swimming capability）、运动形态（kinematics）和生理代谢（metabolism）统称为鱼类游泳特性（swimming performance）。游泳能力指标包含鱼类的感应流速（induced flow speed）、持续游泳速度（sustained swimming speed）、耐久游泳速度（prolonged swimming speed）、爆发游泳速度（burst speed）等速度指标，运动形态指标包含鱼类的身体摆动模式、摆动率、摆动幅度、摆动步长等指标，代谢状况包含鱼类的耗氧率、排氨率、耗能率、各项血液检测指标等（蔡露 等，2018）。

2.1 鱼类游泳特性的研究内容

2.1.1 鱼类游泳能力

  不同种类的鱼或同种鱼类个体大小不同，它们的游泳能力是不同的，为了统一比较标准，鱼类的游泳类型依生物代谢方式和持续时间的不同可分为持续式游泳（sustained swimming）、延长式（或称耐久式）游泳（prolonged swimming）和爆发式游泳（burst swimming）（Plaut，2001）。对应于各种游泳类型，衡量鱼类游泳能力的指标主要有持续游泳时间（endurance time）、临界游泳速度（critical swimming speed，U_{crit}）、爆发游泳速度（burst speed，U_{burst}）。持续式游泳是指鱼类在低速状态下的游泳运动，其游泳时间大于 200 min（Plaut，2001）。此时，鱼类通过有氧代谢方式提供能量使红肌纤维缓慢收缩，产生鱼类向前的推力（Webb，1984）。鱼类的洄游和自然状态下的自发游泳、滤食及维持鱼体平衡等状态多采用该游泳类型，可用最大可持续游泳速度和最优可持续游泳速度作为评价可持续游泳能力的指标。从生物能量学的角度，移动单位距离所消耗能量最低时对应的游速为最优游速（optimal speed，U_{opt}）（Steinhausen et al.，2005）。延长式游泳是指鱼类运动至疲劳状态的一种有氧游泳类型，是鱼类游泳至疲劳的时间小于 200 min 大于 20 s 时的游泳速度。在自然界中，疲劳式游泳运动是一种较稳定的运动状态，常与阶段性的持续式游泳运动和偶而性的爆发游泳运动相互穿插发生（Nelson et al.，2002）。但实际上由于方法的可操作性，度量延长式游泳的最常用指标是 U_{crit}，也称为最大可持续游泳速度，通常用连续时间段增速的方法测定（Kieffer，2010）。由于鱼类在临界游泳速度状态下的心输出量和代谢率均可达到最大值（Thorarensen et al.，1996），普遍将其作为评价鱼类最大有氧运动能力的一个重要指标（Jain et al.，1997）。爆发游速是鱼类所能达到的最大速度，可以衡量鱼类运动的加速能力。爆发式游泳的时间很短，通常小于 20 s。此时鱼类通过无氧代谢在瞬间得到较大能量，获得冲刺游速，同时肌肉里也积累了大量乳酸等废物而迅速疲劳（Colavecchia et al.，1998）。鱼类的爆发游泳一般可划分为两个阶段，分别是鱼体在短时间内加速至最大速度的不稳定期和在最大游泳速度下的稳定期（Webb，1975）。在鱼道设计中，鱼类的持续游泳能力和爆发能力是两个重要的参数。持续游泳速度是鱼在较低流速下的长时间游泳状态，对鱼类造成的生理胁迫小，常用于鱼道内流速设计与评估。而对于鱼道的一些高流速区，则参照鱼类的爆发游泳速度，同时还应考虑鱼疲劳后恢复体力所需时间，作为鱼道休息池个数及距离的设计依据（郑金秀 等，2010）。

另外，还可根据鱼类对氧的需求将游泳方式分为无氧游泳运动和有氧游泳运动两种类型。无氧游泳运动包括爆发式游泳运动和力竭性游泳运动（exhaustive swimming）。前者是指鱼类以无氧代谢供能、运动时间较短的游泳运动，而力竭性游泳运动是指鱼类在人为条件下被迫作爆发游泳运动的一种运动方式，它导致鱼体白肌细胞内糖原、ATP 和 PCr 等能源物质的迅速消耗和乳酸的大量累积（曾令清，2008）。有氧游泳运动则包括持续式游泳运动和延长式游泳运动两种类型，上文已有叙述。

影响鱼类游泳能力的因素较多，如鱼类的形状、大小、体表光滑度、摄食程度等，此外还与鱼类的生态生理状况（营养成分、发育程度）及环境条件（水温、溶氧、光照）等多方面因素有关。

2.1.2　鱼类运动形态

Breder（1926）根据鱼类的推进方式，将鱼类的运动划分为两种模式或两种姿态（gait）：①鱼体（和/或）尾鳍推进（body and caudal fin，BCF），即通过将鱼体弯曲，形成向后传播的推进波，并延伸至尾鳍，从而产生推力；②中间鳍（和/或）对鳍推进（median and paired fin，MPF），即通过中间鳍和偶鳍产生前进的推力。大部分鱼类以 BCF 运动作为主要推进方式，这也是脊椎动物古老的运动方式（Lauder，2000）。MPF 运动主要用来实现灵活操纵和保持稳定性。Lindsey

（1978）又进一步将 BCF 和 MPF 模式细化为各种游动方式：BCF 推进从波动到振动的变化，分别为鳗鲡模式（anguilliform）、亚鲹科模式（subcarangiform）、鲹科模式（carangiform）、鲔科模式（thunniform）和箱鲀科模式（ostraciiform）。鳗鲡模式是整个身体都参与了大振幅的波动，推进波大于鱼体游动速度，由于鱼体上至少有一个完整的波形，侧向运动近似抵消，这种运动模式常见于电鳗和七鳃鳗等。亚鲹科模式和鲹科模式运动相似，由于身体刚度较大，具有明显幅值的波动主要集中在身体后 1/2 部分，推进力主要由尾鳍产生，推进效率和游动速度较鳗鲡模式高，且头部具有明显幅值的摆动，常见于鳟鱼。鲔科模式由于身体刚度较鲹科模式更大，推进运动被限制在身体后 1/3 部分，大的侧向位移主要产生于后颈部和尾鳍，通过尾鳍（坚硬的月牙形尾鳍和尾柄）的运动产生近似 90% 的推进力，而身体的前 2/3 部分几乎保持刚性，头部摆动的幅值不明显。海洋中的硬骨鱼类在鲹科模式基础上发展成了尾鳍做大幅摆动的鲔科模式，在 BCF 运动中效率最高，如金枪鱼、海豚、鲨鱼等。箱鲀科模式是完全振动的 BCF 运动，但效率很低（曹庆明，2008）。鱼类 MPF 游动推进模式如图 2.1 所示，可分为鳍摆动模式和鳍波动模式两大类（Sfakiotakis et al.，1999）。鳍摆动模式可分为鲀科模式（tetraodontiform）和隆头鱼科模式（labriform），推进鳍多为附属于身体上的短鳍——胸鳍、短腹鳍或短背鳍；鳍波动模式主要分别为鳐科模式（rajiform）、刺鲀科模式（diodontiform）、弓鳍目模式（amiiform）、裸背鳗属鱼模式（gymnotiform）和鳞鲀科模式（balistiform），推进鳍主要为附属于身体上的柔性长鳍。MPF 振动模式有两种，分别为隆头鱼科模式和鲀目模式。游泳速度较低时，MPF 具有更大的机动性和稳定性，而 BCF 适

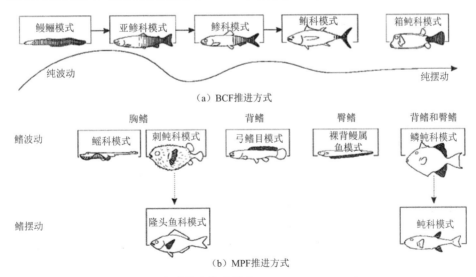

图 2.1　鱼类游泳推进模式（Sfakiotakis，1999）

阴影部分表示产生推进力的部位

合在快速或加速运动时提供更多的能量。对于 Breder 的分类方法，Videler 和 Weihs（1982）和 Webb（1998）认为过于简单且定义不合适，Videler 和 Weihs（1982）提出应当将推力、运动参数、运动形态和肌肉纤维与"游动姿态（swimming gaits）"联系起来进行详细分类。

根据 MPF 的特征可推测出，栖息地环境复杂的地方 MPF 方式更具优势，如栖息珊瑚礁的鱼类多为 MPF（Korsmeyer et al.，2002），但 MPF 的能量利用率较低，因此当鱼以稳定的巡航速度（cruise speed）游动时，BCF 的方式更理想。MPF 游动方式是通过维持身体的僵硬以降低阻力，从而降低游泳过程的能耗。通过鱼类游泳的水动力模型研究及水流追踪，身体波动式游泳所需推力是身体僵硬式游泳所需推力的 1.5～5 倍（Anderson et al.，2001），这是因为波动式游泳的边界层变薄使阻力增加。但鱼类不会始终以一种游泳方式游动，随着游泳速度变化，鱼类的游泳姿态也会发生改变，以优化能量消耗。游速增加，鱼类会进行姿态转换（gait transition），使能耗最小化、耐力最大化，如低游速时 MPF 的能量利用率高，高游速下 BCF 变得更高效（Blake，1980）。还有人认为姿态的转换是因为不同的肌肉推进系统只在各自有限的运动范围内有效（Rome，1994）。例如 MPF 在低游速时效率高，而 BCF 游泳需要利用更多的肌肉供能以达到更高的速度。鱼的推进方式与最佳游泳方式总结如图 2.2 所示。

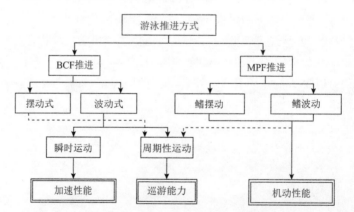

图 2.2　鱼类推进方式与最适宜运动方式对应关系（Sfakiotakis et al.，1999）

除了运动模式/姿态，鱼类的运动特征还包括摆尾频率、摆尾幅度、运动步长及推进波长（propulsive wavelength，λ）等（Donley & Dichson，2000）。摆尾频率（tail beat frequency，TBF）可定义为某恒定游泳速度下，一定时间内，鱼尾的摆动周期次数。摆尾幅度（tail beat amplitude，TBA）定义为鱼尾末端从一侧到另一侧的最大摆动距离。步长（stride length，L_s）或单位游距定义为鱼每摆尾一次能前进的距离，计算公式为 $L_s = U/\text{TBF}$，其中 L_s 为步长（cm），U 为游泳速度

（cm/s），TBF 以 beats/s 表示。推进波长 λ 由推进波速（波穿过一倍体长的速度，相当于游速）除以 TBF 得到。

大西洋鲭鱼（*Scomber scombrus*）的推进波长 λ 为 78%～106% 倍全长（Videler & Hess，1984），为鲹科模式。黄鳍金枪鱼（*Thunnus albacares*）的推进波长 λ 为 123%～129% 倍叉长（Dewar & Graham 1994），为鲔科模式。鱼类的运动特征被广泛用于水下推进装置的设计与控制。

2.1.3 鱼类游泳过程中的生理代谢

鱼类游泳运动过程伴随着鱼体持续的能量消耗，仅从游泳速度尚不能对游泳能力进行全面评价，鱼类在不同条件下进行游泳活动时的生理变化及能量利用效率也应并入游泳能力评价的范畴。通常将与游泳有关的能量释放、转移、储存与利用称为鱼类的活动代谢（或称运动代谢）。由于物种间的差异、栖息环境与生活习性的不同，不同鱼类所擅长的运动方式与运动能力各不同，伴随运动过程的能量代谢也存在一定差异（Katz et al.，2001）。将鱼类在禁食但未至饥饿、自发活动状况下的代谢率称为日常代谢率（routine metabolism rate，$M_{O_2 \, routine}$），维持鱼类基本功能的代谢水平称为标准代谢（standard metabolism rate，$M_{O_2 \, standard}$）。在一定条件下动物在理论上具有一个最大代谢率（maximum metabolism rate，$M_{O_2 \, max}$）。$M_{O_2 \, max}$ 与代谢范围对鱼类的生存、生长与繁殖至关重要。如鱼类为到达产卵地而进行的长距离洄游过程,需合理分配体力使能量消耗不超出代谢范围。$M_{O_2 \, max}$ 的大小还可用于种内或种间的比较研究，揭示动物生理性能的多样性（王玉山 等，2002）。运动后过量耗氧（excess post-exercise oxygen consumption，EPOC）指动物运动疲劳后，在恢复期内超过 $M_{O_2 \, routine}$ 的额外耗氧量，曾被定义为氧债（oxygen debt）。它曾是反映人类和陆生脊椎动物无氧代谢能力的生理学指标，与鱼类洄游时穿越激流、逃避敌害等生命活动密切相关（Kieffer，2000）。EPOC 的构成组分包括：运动后组织修复、ATP 和 PCr 的更新、乳酸的代谢和糖原的合成等生理生化过程（Hancock et al.，2002；Ferguson et al.，1993）。EPOC 的恢复时间长短体现鱼类在短期内重复运动的能力，对鱼类的生存适合度具有重要影响（Milligan，1996）。

鱼类在运动过程中消耗氧，产生二氧化碳和水，并向环境释放热量，测量代谢率理应测量氧、二氧化碳、水和鱼体向环境释放的热量。但在实际工作中，氧化产生的二氧化碳和水不易测定，水的热容量较大，直接测定热量也比较困难，所以对鱼类等水栖动物的代谢率一般根据耗氧率计算。这是因为鱼类进行有氧代谢时，放出的热量与消耗的氧成正比。每消耗 1 L 氧所释放的热量，依氧化分解的物质（蛋白质、脂肪、糖）不同而异，一般采用平均值：14.1 J/mg O_2（Videler，1993）。

鱼类的活动代谢易受生态因子的影响，如水流速度、水温、水体溶解氧浓度等。温度对鱼类活动代谢的影响比较一致，在适宜温度范围内，随温度上升，活动代谢增加，但在不同温度区间，温度的影响程度却不同。如有的鱼在某温度范围内活动代谢随温度上升增加很快，而在另一温度范围内却上升较慢（Evans，1984）。季节、光照周期和光照强度对鱼类的代谢也有影响。Evans（1984）发现太阳鱼（*Lepomis gibbosus*）在相同水温下，春季代谢率最低，而秋季最高。对光照周期敏感的鲑，无光照时活动代谢逐渐下降，在光照期活动代谢迅速上升，达到峰值后稳定下来或缓慢下降（Dabrowski & Jewson，1984）。此外还有一些学者对鱼体重、溶氧和种群密度等生态因子的影响进行了研究（Claireaux & Letardere，1999；Moser & Hettler，1989）。

2.2 游泳特性的测试方法

鱼类游泳能力及行为的研究方法总体上可归纳为原位观测法及室内水槽实验法，二者各有利弊。两类方法分别又可细分如下。

2.2.1 原位观测法

（1）观察法（direct observation by divers）。这种方法简单而形象，但容易造成实验动物的紧张，故只适用于运动功能的简单测试与了解，不适合复杂细致的行为学变化研究。如 Wagner（1995）通过目视观测，比较了遮盖物对切喉鳟（*Oncorhynchus clarkii*）游泳能力、行为及生理指标的影响。

（2）图像处理法（stereo-video camera techniques）。利用计算机图像分析系统，可对多种动物的行为参数进行 3D 显示及精确测定。适合野外及室内操作。Kato（1996）首先利用摄像机记录金鱼的游泳轨迹，然后输入计算机进行数据处理，形象得出金鱼在池中的停留位置分布及游速大小分布情况。该方法的成本较高，通常需要高配置的计算机和高速图像采集设备，且可视性受到拍摄距离的限制。

（3）遥感遥测法（telemetry）。这种方法与其他方法相比，跟踪性好，针对性强，更适合野外试验研究，且可以获得较多实验数据，但测定过程易受自然水体的干扰，精度较低。Bauer 和 Schlott（2004）采用无线电遥测设备，监测了鲤鱼在越冬期间的觅食行为与游速变化。还有学者采用声波遥测技术研究了鲈鱼在水体中的垂直分布（Schurmann et al.，1998）。由于测定过程中需将遥感发射器的附件预先安装在鱼体中，对鱼的游泳行为将产生一定影响，降低其游泳能力。

（4）水声学法（hydroacoustic methods）。此方法是将回声探测器固定于河底或置于缓慢行驶的小船上，收集回声信号获取鱼的游泳行为数据。Arrhenius 等（2000）利用此方法原位观测了黄鲈（*Perca flavescens*）和鲱鱼（*Alosa pseudoharengus*）的游泳速度，并与水下摄像获取游泳速度的方法进行比较，两种方法的结果没有显著区别。Pedersen（2001）通过分裂光束回声探测器（split-beam echosounders）对鱼类进行追踪，得到了鱼的游泳速度及游泳距离。此方法的优点是对可视性没有要求，对鱼无干扰；缺点在于有限的追踪目标未必能够代表该鱼类的整体水平，且无法判断游泳速度所对应的游泳类型（觅食、藏匿或日常游动）。此外，通过声强来鉴别鱼的种类也存在一定质疑。

2.2.2 室内水槽实验法

水温和流速是影响鱼类游泳行为的重要因子，以上几种方法若用于鱼类个体对生态因子的行为及生理响应实验，水温和流速条件较难控制，或者水体中温度及流速大小不均匀，且波动较大，得出的实验结论不能较好地说明生态学意义。此外，野外观测实验难以排除考察因素之外的环境因子的影响，并且不能实现即时观测，实验结果缺乏可靠性和客观性。因此室内水槽实验法是目前研究鱼类游泳能力及行为的最常用方法。这种试验方法能排除诸多复杂环境因素的影响，强化一个刺激源的作用，试验重现性高，且易于直接观测及定量比较，可作为野外试验的基础。室内水槽实验法的主要缺点就是鱼在装置内为被动式游泳，且游动空间受限，实验结果往往小于其真实的游泳能力。

1. 封闭式水槽

Brett（1964）最早采用圆形截面的封闭水槽（tunnel respirometers）测定鱼类的临界游泳速度及运动代谢情况（图2.3）。此装置的游泳区上游增加了整流管束，使游泳区流场接近层流流动，下游安装筛网，防止鱼离开实验区。为了进行各种鱼类游泳能力的测定，研究者们在此装置基础上进行改进，得到了可变倾斜角度（Priede & Holliday，1980）、游速范围更大（Gehrkel et al.，1990）、计算机控制水流（Hölker，2003）等多种改进后的 Brett 式管式游泳水槽（图2.3）。

本研究组设计了两种封闭式鱼类游泳能力测定装置，一种为坡度可调式管道式水槽（专利申请号 201320093505.8）（图2.4）。此装置主要构件为一个双层圆筒，内层圆筒设有螺旋桨以调节流速、整流装置使流场接近层流、下游筛网防

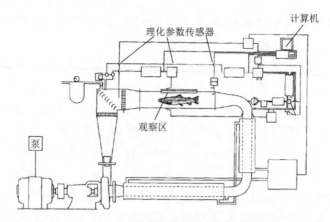

图 2.3　Brett 式管式游泳水槽示意图（Brett，1964）

止鱼离开游泳区。电动机及双层圆筒固定在支架上，支架上设有推杆。除了对实验鱼进行游泳能力的测定，还可以研究坡度变化对鱼类游泳能力的影响，为鱼道坡度设计提供参考。

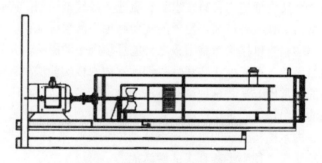

图 2.4　坡度可调式管道式水槽

　　另一种为截面为矩形的循环式游泳呼吸仪（专利申请号 201020136105.7）（图 2.5），由电机带动水下的桨叶旋转控制水流速，水在整个环形水槽中循环流动，工作区的上游有一个整流装置，下游侧为不锈钢网，鱼在工作区中顶流游动。环形水槽又被置于一个更大的矩形水槽中，工作区溶氧不足时，可以通过潜水泵将环形槽内的水与外面矩形槽中的水进行交换，保证工作区中溶解氧的浓度。水槽上方安装一摄像头，对鱼游动时的摆动频率及摆幅进行监测。可实现对鱼类游泳能力及行为与活动代谢率的同步测定。

　　2. 开放式水槽

　　另一类型测定游泳行为的装置为开放式水槽，鱼在水槽游动过程中，借助摄

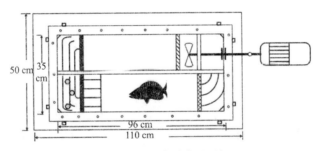

图 2.5 循环式游泳呼吸仪

像记录分析游泳速度。Yanase 等（2007）在类似跑道的开放水槽中，测定了巴斯鲉（*Platycephalus bassensis*）的最大游泳速度。Colavecchia 等（1998）将木制水槽安放在大坝泄水道出口，水槽内接近层流流动，通过无线电遥测设备测定了水槽内流速对野生大西洋鲑鱼的游泳速度与游泳距离的影响。其他几种模拟自然流场的开放式水槽见 5.4.1 小节。

2.3　鱼类游泳特性评价模型

与鱼道设计相关的鱼类行为学研究，开始于 1900 年初，后来比利时的丹尼尔运用水力学原理设计出了丹尼尔鱼道（Orsborn，1987），并且最初鱼类游泳特性研究主要围绕鱼类游泳速度展开，较少涉及鱼类形态学和生理学。随着水电工程建设的发展，各种研究手段的不断完善，鱼类形态学和生理学慢慢渗透鱼类游泳特性研究中，其评价模型也越来越丰富。鱼类游泳行为研究，特别是针对洄游性鱼类、珍稀鱼类和重要经济鱼类（Haefner & Bowen，2002；Katopodis，2002），也越来越被人们所重视。

2.3.1　游泳能力模型

美国工程兵团（Nestler，2002）、艾奥瓦大学（Goodwin et al.，2006；Meselhe et al.，2000；Sinha et al.，1999；DenBleyker et al.，1997）及爱德华大学（Jorde et al.，2001）采用信息技术，对密西西比河和田纳西河中不同特征的大马哈鱼个体上安装电子传感器，长时间跟踪这些鱼的行为，再采用统计学方法分析它们的生活习性。然后在雷诺平均纳维-斯托克斯（Reynolds-averaged Navier-Stokes，RANS）水动力方程（欧拉方法）中引入基于个体的鱼类模型（拉格朗日方法），模拟水库不同运行方式对大马哈鱼的影响（DeAngelis & Gross，1992），从而优化鱼道的设计和水库的运行。研究成果在美国密西西比河及法国一些大型水库鱼道的改造及下游河道生态修复之中得到成功应用（Sabaton，2002）。Starr 等（2011）利用爆发游泳速度来预测鱼类通过鱼道的能力，提出水温及流速是鱼类通过鱼道的两个重要因素。Hein 等（2012）对 200 多种迁徙性动物进行研究，提出了计算最大迁徙距离的模型，迁移距离与动物体型大小紧密相关。国外学者通过大量研究，得到各种游泳能力的评价模型（Rodriguez et al.，2006；Beach，1984），如：游泳速度与体长的关系，游泳速度、体长与疲劳时间的关系，温度和游速的关系，或温度和体长与游速之间的关系（Peake et al.，2000；Quiros，1989）、游泳速度与耗氧率的关系（Hildebrand，1980）等。鱼道设计时一般首先考虑影响目标鱼游泳速度的主要因素，然后通过游泳能力评价模型计算鱼类的游泳速度。鱼类在长期的进化过程中形成了最适游泳速度。Castro-Santos（2005）构建了鱼类游泳距离达到最大时的最适游速（U_{opt}）模型：$\ln E = a + bU_{\text{burst}}$，$D = U_{\text{burst}} \times e^{a+bU_{\text{burst}}}$，$U_{\text{opt}} = -1/b$。$E$ 为游泳至疲劳的时间（s），U_{burst} 为爆发游泳速度（bl/s），D 为鱼所能游过的距离（bl），bl 为鱼体长（body length）。Hildebrand（1980）在鱼类可持续游泳能力测试中，得到临界游泳速度的估算方法，临界游泳速度（U_{crit}）可看做鱼体长（L）的函数：$U_{\text{crit}} = U_{\text{crit-1}} \times L^b$。$U_{\text{crit-1}}$ 是鱼体长为 1cm 时的临界游泳速度，b 为回归常数（取值为 0.5～0.7，也可取其平均值 0.6）。研究表明鱼类的爆发游泳速度 U_{burst} 受水温和溶解氧影响小，而与体长有关，其表达式为 $U_{\text{burst}} = a \times L^c$，$a$ 和 c 为常数（Bainbridge，1960）。Bainbridge（1960）通过试验得出几种鱼类（金鱼、梭鱼、鳟鱼等）的常数值为 $a = 14.8 \text{ s}^{-1}$，$c = 0.88$。关于游泳耐力的研究，Peake 等（1997a）发现鲟鱼的耐力与鱼的大小及水温有关，大鱼拥有更高的游泳速度及游泳时间。他们采用回归法得到鲟鱼的游泳耐力估算模型：$\log E = 1.40 + 2.26 \times 10^{-2}L + 5.47 \times 10^{-2}T - 4.55 \times 10^{-2}V - 5.36 \times 10^{-4}TV + 1.85 \times 10^{-4}LV$，$L$ 为鱼的总长（cm），T 为水温（℃），V 为鱼的游泳速度（cm/s）。模型的准确程度与鱼游泳疲劳的统一判断标准有关。耐力曲线是研究鱼类游泳特性的重要工具。若鲟鱼的体长及实验水温一定，利用上式可计算得到关于耐力 E 与游速 V 的耐力曲线；或某一水温 T 下，鱼尺寸 L 及游速 V 对耐力 E 的影响。鱼若要通过鱼道，其游泳速度需大于水流速。若鱼道长度 d 及最小尺寸鲟鱼的游泳速度 V_s 一定，可得到鲟鱼通过鱼道时允许的最大流速（V_f）计算模型：$V_f = V_s - \left(d \times E_{V_s}^{-1}\right)$。$E_{V_s}$ 为鱼在 V_s 游速下的持续游泳时间（s）。在水温、鱼体长及鱼道长度一定的条件下，联立以上两式可得到不同游泳速度条件下通过鱼道时的鱼道内的最大允许流速。Peake 等（1997b）又根据 Steel 和 Torrie（1960）的鱼类耐力回归模型 $V = a_0 + a_1L + a_2T +$

$a_3\log E+e$，对几种鲑鱼和鳟鱼的游泳能力进行实验研究，得到不同实验鱼的模型参数值，并将实验结果用于当地鱼道的优化。式中 V 为鱼在鱼道内的游速（m/s），L 为鱼的叉长（cm），T 为水温（℃），E 为鱼在 V 游速下的耐力（min），$a_0 \sim a_3$ 为模型参数，e 为正态分布的误差项。根据游泳耐力模型，还可得到延长式游泳及爆发式游泳的游速模型，并估算出鱼在鱼道内采用不同游泳方式时，达到疲劳之前游过的距离。Tudorache（2008）也根据 Peake & Farrell（2004）的研究结果，得到鱼道内最大流速 U_{water} 的估算模型：$U_{water}=U_{burst}-0.75U_{crit}$。

2.3.2　运动形态模型

摆尾频率（tail beat frequency，TBF）、摆尾幅度（the tail beat amplitude，TBA）、运动步长（L_s）等也是鱼道设计的参考数据之一（Lin et al.，2008）。有国外学者将摆尾频率与游泳速度的关系用于野外实验研究，通过易于监测的鱼类摆尾频率对难于测定的游泳速度（Steinhausen et al.，2005）及自由游动下的活动代谢率（Ohlberger et al.，2007b）进行估算。国内外学者对鱼尾鳍的摆动频率及摆尾幅度与游速、温度关系开展了大量研究，有学者提出摆尾频率与游速之间满足幂函数关系（Steinhausen et al.，2005），而更多的研究则表明两者为线性关系，如表 2.1 所示，但这种线性关系存在明显的种间差异。其中 Bainbridge（1958）通过对不同体长雅罗鱼（*Leuciscus leuciscus*）、鲫（*Carassius auratus*）和虹鳟（*Salmo irideus*）游泳运动学的研究，最早发现鱼类游速与摆尾频率（TBF）呈显著线性关系，这一结果在多种鱼类上得到证实。Bainbridge（1958）还测得几种淡水鱼的平均单位游距（步长，stride length）为 0.70 bl 左右，这一数值被广泛用于估算鱼类的游速。

表 2.1　鱼类游泳速度（U）与摆尾频率（TBF）的关系

种类	关系式	参考文献
鲤（*Cyprinus carpio*）	TBF $= 0.35+1.31U$　（20℃）	Ohlberger 等（2007b）
湖拟鲤（*Rutilus rutilus*）	TBF $= 0.52+1.30U$　（20℃）	
尖吻鲭鲨（*Isurus oxyrinchus*）	TBF $= 0.94+0.14U$　（20℃）	Sepulveda 等（2007）
柠檬鲨（*Negaprion brevirostris*）	TBF $= 0.16+1.37U$　（15℃）	Scharold 等（1989）
双髻鲨（*Sphyrna lewini*）	TBF $= 0.80+0.65U$　（25℃）	Lowe（1996）
鲭（*Scomber scombrus*）	$U = -0.46+0.95$TBF	何平国 等（1989）
绿青鳕（*Pollachius virens*）	$U = -0.48+0.96$TBF	
鲱鱼（*Clupea harengus*）	$U = -0.03+0.71$TBF	
皱唇鲨（*Triakis semifasciata*）	TBF $= 0.428U^{0.410}$　（20℃）	Graham 等（1990）
绿青鳕（*Pollachius virens*）	$U = 0.002\,2+0.41$TBF$^{1.47}$　（10℃）	Steinhausen 等（2005）
鲐鱼 *Scomber japonicus*	TBF $= 4.18+0.050U-0.118FL$	Donley 和 Dichson（2000）
巴鲣 *Euthynnus affinis*	TBF $= 7.66+0.050U-0.251FL$	
细鳞裂腹鱼 *Schizothorax chongi*	TBF $= 0.41+0.33U$　（25℃）	Tu 等（2011）

种类	关系式	参考文献
圆口铜鱼 *Coreius guichenoti*	TBF = 0.15 + 0.11U （10℃） TBF = 0.02 + 0.24U （15℃） TBF = 0.02 + 0.26U （20℃） TBF = 0.03 + 0.42U （25℃）	涂志英（2012）
巨须裂腹鱼 *Schizothorax macropogon*	TBF = 0.15 + 0.68U （5℃）	涂志英（2012）
鲢 *Hypophthalmichthys molitrix*	TBF = 0.84 + 0.73U （10℃） TBF = 0.96 + 0.77U （15℃） TBF = 1.77 + 0.69U （20℃）	涂志英（2012）
鳙 *Hypophthalmichthys nobilis*	TBF = 0.63 + 0.74U （10℃） TBF = 0.73 + 0.77U （15℃） TBF = 0.49 + 0.94U （20℃）	涂志英（2012）

笔者课题组研究的几种鱼类的步长不满足文献的经验值，在低流速时步长值较大，但当流速增加至 2 bl/s 或 3 bl/s 时，步长显著下降；随着流速继续增加（≥3 bl/s），步长又随着流速增加而增加。当摆尾频率相同，步长值越大，游速也就越大。细鳞裂腹鱼和圆口铜鱼的步长在整个流速范围内都达到了 2.0 bl 以上，巨须裂腹鱼的步长范围为 0.9～1.3 bl，鲢、鳙的步长相对较低，分别为 0.6～0.9 bl 和 0.8～1.0 bl，几种鱼步长大小的差异显著（$P<0.05$）。鱼类游泳的动力来自肌肉，肌肉的收缩使鱼产生波动并使尾鳍产生摆动，从而推进鱼体前进。鱼类在低速游泳时，能量来自红肌的收缩；当游泳速度增加，白肌逐渐参与代谢；当鱼类以最大游速运动时，其能量几乎全部来自白肌。可以推断，以鲹科方式（身体-尾鳍摆动产生推力）游泳的鱼类中，体长、环境条件相同时，白肌截面积大的鱼类，其最大游泳速度较大；而白肌截面积小的鱼类，其可达到的最大游速则较小。可以推断，细鳞裂腹鱼及圆口铜鱼的白肌截面积应该稍大于其他三种鱼类。

国内虽然在鱼类游泳行为方面开展了不少研究，但在进行水利枢纽过鱼设施设计时，大多利用早期有限的资料，或借鉴国外鱼类行为学经验公式，较少对目标鱼类游泳特性进行实际测试。由于水体环境的多样性，各种鱼类通常在游泳运动的方式和能力上表现出很大的差异，且国外鱼道多以鲑和鳟等洄游性鱼类为研究对象，这些鱼类个体较大，克服流速的能力强，对复杂流态的适应性也较好；而国内大部分是鲤科鱼类，个体尺寸及游泳能力多数不及鲑、鳟。因此国外的经验可为我国的相关研究提供方法，而其经验公式的应用是有局限性的。鱼道设计时应对目标鱼类进行游泳行为及能量代谢规律研究，为我国的过鱼设施的建设提供生物学基础，提高目标鱼通过鱼道成功率。

2.3.3　生理代谢模型

除了游泳速度、可持续游泳时间等运动能力，鱼类在游泳过程中的能量消耗及能量利用效率，对鱼类能否成功通过鱼道也有着重要影响。如大马哈鱼在长距离生殖洄游中，不仅要具有穿越激流险滩的爆发游泳速度，洄游途中能量利用效率的高低也是成功达到繁殖地点的关键（Rand & Hinch，1998）。因此将鱼类的表观运动能力、生态行为与运动过程中的能量代谢特征相结合，才能全面理解及评价鱼类的游泳运动特征及能力。Tudorache 等（2008）对 7 种欧洲淡水鱼进行了游泳能力及能量代谢研究发现，鱼类会通过改变它们身体和尾鳍摆动的频率及摆尾幅度调节游泳速度，采用冲刺-滑行（burst-and-coast）的游泳方式来减少能量消耗，成功通过洄游途中的高流速区。游泳过程中的能量消耗与游泳方式紧有关，强迫式游泳、定向式游泳和自发式游泳三种运动方式的能量消耗随鱼体重的增加差别越大（Boisclair & Tang，1993）。生态因子对鱼类的活动代谢的影响，国外的研究较国内多，通常是通过室内实验得到鱼类运动的能量代谢模型，再间接估算鱼类在实际流场中的代谢率。Ohlberger 等（2005）研究了鲤（*Cyprinus carpio*）和湖拟鲤（*Rutilus rutilus*）的活动代谢，预测模型分别为：$AMR = 0.021M^{0.8}U^{0.95}$ 和 $AMR = 0.024M^{0.93}U^{0.6}$，AMR 表示活动代谢，M 表示体重，U 表示游泳速度。游速的指数越低，表明游泳过程中能量的利用率越高，相同体重条件下拥有更高的游泳速度。Ohlberger（2007a）在对白鲑（*Coregonus albula*）的活动代谢研究中增加了温度的影响，得到水温 T、游泳速度 U 及体重 M 影响下的活动代谢模型：$AMR = 0.82M^{0.93}U^{0.077T}+0.43M^{0.93}U^{2.03}$。此外，科学家们还通过一些行为学指标来表示活动代谢的大小，如记录鱼的摆尾频率、游泳方式或鱼类通过某一标志物的频次等，可便于研究生态因子对鱼类活动代谢的影响。Svendsen 等（2010）研究海鲫（*Embiotoca lateralis*）的有氧及无氧代谢发现，运动疲劳后过量耗氧 EPOC 的大小与爆发游泳行为有关，两者关系为 $EPOC = 0.45(\pm0.07) \times bursts$，bursts 为某游速下爆发式游泳的次数。Ohlberger 等（2007b）利用鱼在稳定游动下摆尾频率（TBF）随游泳速度的变化规律来计算两种鲤科鱼类的活动代谢率：$AMR = a \times M^b \times \left(\dfrac{TBF - \beta}{\alpha} \right)$，该模型可通过野外易于测量的 TBF 值估算鱼类在自由游动时的活动代谢。

2.4　国内外几种典型鱼类的游泳特性测试结果比较

我国对鱼类游泳能力研究的主要对象是鲤科鱼类，国外研究较多的鱼类有鲑、鳟及鲟科鱼类。总结国内外学者采用封闭水槽法测定的几种鱼类游泳特性如表 2.2、表 2.3 所示。

表 2.2　几种鲤科及鲑科鱼类临界游泳速度（U_{crit}）及最大耗氧率（$M_{O_2 max}$）

鱼种	体长/cm	U_{crit}	$M_{O_2 max}$/[mgO₂/(kg·h)]	参考文献
圆口铜鱼 Coreius guichenoti	16.8±0.8	（5.96±0.53）bl/s（15℃）	403.1±40.8（20℃）	Tu 等（2012）
细鳞裂腹鱼 Schizothorax chongi	9.5～13.2	（4.60±0.53）bl/s（15℃）	569.7±52.6（20℃）	Tu 等（2011）
巨须裂腹鱼 Schizothorax macropogon	19.5～28.0	4.90bl/s（15℃）	318.4±32.8（20℃）	涂志英（2012）
鲢 Hypophthalmichthys molitrix	9.7～11.2	4.03bl/s（15℃）	510.2±10.8（20℃）	涂志英（2012）
鳙 Aristichthys nobilis	10.0～12.7	3.07bl/s（15℃）	494.6±20.4（20℃）	涂志英（2012）
拟鲤 Rutilus rutilus	4.6±0.2	（9.95±0.46）bl/s（15℃）	697.6±12.3（15℃）	Tudorache 等（2008）
	7.3±0.3	（8.14±0.17）bl/s（15℃）	544±52.16（15℃）	
	15.7±1.5	（7.05±0.42）bl/s（15℃）	—	
鲤 cyprinus carpio	4.9±0.1	（8.83±0.4）bl/s（15℃）	460.8±16.64（15℃）	Tudorache 等（2008）
	10.7±0.2	（5.82±0.39）bl/s（15℃）	—	
	22.8±3.9	（3.82±0.23）bl/s（15℃）	—	
鮈 Gobio gobio	7.4±0.9	—	412.6±52.96（15℃）	Tudorache 等（2008）
	10.0±0.3	（5.42±0.20）bl/s（15℃）	364.8±10.56（15℃）	
大鳞裂尾鱼 Pogonichthys macrolepidotus	2～3	（30.77±2.68）cm/s（20℃）	—	Young 和 Cech（1996）
肥头鮈鱼 Pimephales promelas	2～3	（28.8～43.4）cm/s（25℃）	—	Kolokt 和 Oris（1995）
褐鳟 Salmo trutta	7.8±0.2	（8.39±0.1）bl/s（15℃）	805.3±51.4（15℃）	Tudorache 等（2008）
切喉鳟 cutthroat trout	叉长 30.4±1.6	（3.98±0.39）bl/s（10℃）		Macnutt 等（2004）
		（2.96±0.69）bl/s（7℃）		
		（4.81±0.22）bl/s（14℃）		
		（4.41±0.45）bl/s（18℃）		
红鲑鱼 Oncorhynchus nerka	60.8±4.2	（1.54～2.06）bl/s（15℃）	736.8±45.0（15℃）	Farrell 等（2003）
粉鲑 Oncorhynchus gor-buscha	52.7±2.5	（1.63～3.15）bl/s（11.3℃）	757.8±26.4（11.3℃）	Farrel 等（2003）
银鲑 Oncorhynchus kisutch	56.3±1.9	（1.41～1.94）bl/s（9.8℃）	524.4±15.0（9.8℃）	Farrell 等（2003）

表 2.3　几种鲟科鱼类临界游泳速度的比较

鱼种	鱼长度/cm	水温/℃	临界游泳速度	参考文献
铲鲟 Scaphirhynchus platorhynchus	57～69 fl	16	（64.7～116）cm/s	Adams 等（2003，1997）
	19.5～20.9 fl	20	（37.0±1.4）cm/s	
黄鲟 Acipenser fulvescens	15 fl	14	26.1 cm/s	Peake 等（1995）
	120 fl		96.7 cm/s	
密苏里铲鲟 Scaphirhynchus albus	19.6～21.1 fl	10	15.1 cm/s	Adams 等（2003）
		20	35.9 cm/s	
中吻鲟 Acipenser medirostris	65 fl	19	65 cm/s	Lankford（2003）
	35.5±1.1（tl±se）	19	（45.1±2.0）cm/s	Allen 等（2006）
	35.7±1.2（tl±se）	24	（51.8±1.9）cm/s	Allen 等（2006）
	4.3±0.2（tl±se）	18～19	（8.5±0.4）bl/s	Verhille 等（2014）
	6.5±0.2（tl±se）	18～19	（7.1±0.2）bl/s	Verhille 等（2014）
	49.4±0.6（tl±se）	18～19	（1.2±0.5）bl/s	Miller 等（2014）
	68.3±2.7（tl±se）	19	（1.2±0.1）bl/s	Mayfield 和 Cech（2004）
短吻鲟 Acipenser brevirostrum	16 tl	5	25.99 cm/s	Deslauriers 和 Kieffer（2012a）
		10	28.86 cm/s	
		15～25	33.99 cm/s	
	7.1 fl	22	（3.2±0.2）bl/s	Deslauriers 和 Kieffer（2012b）
	19.4±0.1（tl±se）	29	（1.5±0.1）bl/s	

续表

鱼种	鱼长度/cm	水温/℃	临界游泳速度	参考文献
西伯利亚鲟 *Acipenser baerii*	13.9±0.2（bl±se）	20	（3.3±0.1）bl/s	Cai 等（2015）
	16.5～21.2（bl±se）	24	（2.3±0.1）bl/s	Yuan 等（2016）
	58.4±0.6（tl±se）	24	1.8 bl/s	Qu 等（2013）
	64.3±0.9（tl±se）	24	（1.7±0.1）bl/s	Qu 等（2013）
纳氏鲟 *Acipenser naccarii*	26.3±0.4（fl±se）	23	（3.2±0.2）bl/s	McKenzie 等（2001）
尖吻鲟 *Acipenser oxyrinchus*	10～17.5（fl）	21	（21～31）cm/s	Wilkens 等（2015）
小体鲟 *Acipenser ruthenus*	13.7±0.3（bl±se）	15	3.39 bl/s	Mandal 等（2016）
	13.6±1.0（bl±sd）	20	（3.54±0.2）bl/s	Cai 等（2017）
史氏鲟 *Acipenser schrenckii*	18.8±0.3（bl±se）	20	（2.0±0.1）bl/s	Cai 等（2013）
中华鲟 *Acipenser sinensis*	10.9±0.1（bl±se）	20	（4.3±0.2）bl/s	Cai 等 2014）
	13.7±2.0（tl±se）	16～25	2.6 bl/s	He 等（2013）
	24.5±2.4（tl±se）	10～25	（2.3±0.1）bl/s	He 等（2013）
	54.8±1.3（tl±se）	24	1.4 bl/s（SE<0.1）	Qu 等（2013）
	62.2±0.7（tl±se）	24	1.4 bl/s（SE<0.1）	Qu 等（2013）
白鲟 *Acipenser transmontanus*	4.7±0.2（tl±se）	18～19	（5.5±0.2）bl/s	Verhille 等（2014）
	8.0±0.4（tl±se）	18～19	（4.6±0.2）bl/s	Verhille 等（2014）
	34.2 tl	11.0～12.5	1.6 bl/s	Counihan 和 Frost（2011）

注：tl 为全长，fl 为叉长，bl 为体长

参 考 文 献

蔡露，金瑶，潘磊，等，2018. 过鱼设施设计中的鱼类行为研究与问题[J]. 生态学杂志，37: 3470-3478.

曹庆明，2008. 鱼类游动的水动力学研究综述[C]. 第二十一届全国水动力学研讨会暨第八届全国水动力学学术会议暨两岸船舶与海洋工程水动力学研讨会文集，无锡.

何平国，Wardle C S，1989. 鱼类游泳运动的研究：三种海洋鱼类游泳的运动学特性[J]. 青岛海洋大学学报，19: 111-118.

涂志英，2012. 雅砻江流域典型鱼类游泳特性研究[D]. 武汉：武汉大学.

王玉山，王祖望，王德华，等. 2002. 哺乳，动最大代谢率的研究进展[J]. 兽类学报，22: 305-317.

曾令清，2008. 温度对南方鲇幼鱼游泳能力和静止代谢率的影响[D]. 重庆：重庆师范大学.

郑金秀，韩德举，胡望斌，等，2010. 与鱼道设计相关的鱼类游泳行为研究[J]. 水生态学杂志，3: 104-110.

ADAMS S R, PARSONS G R, HOOVER J J, et al., 1997. Observations of swimming ability in shovelnose sturgeon（*Scaphirhynchus platorynchus*）[J]. Journal of Freshwater Ecology, 12: 631-633.

ADAMS S R, ADAMS G L, PARSONS G R, 2003. Critical swimming speed and behavior of juvenile shovelnose sturgeon and pallid sturgeon[J]. Transaction of the American Fisheries Society, 132: 392-397.

ALLEN P J, HODGE B, WERNER B, et al., 2006. Effects of ontogeny, season, and temperature on the swimming performance of juvenile green sturgeon（*Acipenser medirostris*）[J]. Canadian Journal of Fisheries and Aquatic Sciences, 63: 1360-1369.

ANDERSON E J, MCGILLIS W R, GROSENBAUGH M A, 2001. The boundary layer of swimming fish[J]. Journal of Experimental Biology, 204: 81-102.

ARRHENIUS F, BENNEHEIJ B J A M, RUDSTAM L G, et al., 2000. Can stationary bottom split-beam hydroacoustics be used to measure fish swimming speed in situ[J]. Fisheries Research, 45: 31-41.

BAINBRIDGE R, 1958. The speed of swimming as related to size and to the frequency and amplitude of the tail beat[J]. Journal of Experimental Biology, 35: 109-133.

BAINBRIDGE R, 1960. Speed and stamina in three fish[J]. Journal of Experimental Biology, 37: 129-153.

BAUER C, SCHLOTT G, 2004. Overwintering of farmed common carp(*Cyprinus carpio* L.) in the ponds of a central European aquaculture facility-measurement of activity by radio telemetry[J]. Aquaculture, 241: 301-317.

BEACH M H, 1984. Fish pass design-criteria for the design and approval of fish passes and other structures to facilitate the passage of migratory fishes in rivers[R]. Fisheries Research Technical Report, 78.

BLAKE R W, 1980. The mechanics of labriform locomotion II. An analysis of the recovery stroke and the overall fin-beat cycle propulsive efficiency in the angelfish[J]. Journal of Experimental Biology, 85: 337-342.

BOISCLAIR D, TANG M, 1993. Empirical analysis of the influence of swimming pattern on the net energetic cost of swimming in fishes[J]. Journal of Fish Biology, 42: 169-183.

BREDER C M, 1926. The locomotion of fishes[J]. Zoologica, 159-256.

BRETT J R, 1964. The respiratory metabolism and swimming performance of young sockeye salmon[J]. Journal of the Fisheries Research Board of Canada, 21: 1183-1226.

CAI L, TAUPIER R, JOHNSON D, et al., 2013. Swimming capability and swimming behavior of juvenile *Acipenser schrenckii*[J]. Journal of Experimental Zoology Part A, 319: 149-155.

CAI L, CHEN L, JOHNSON D, et al., 2014. Integrating water flow, locomotor performance and respiration of Chinese sturgeon during multiple fatigue-recovery cycles[J]. PLoS One, 9: e94345.

CAI L, JOHNSON D, MANDAL P, et al., 2015. Effect of exhaustive exercise on the swimming capability and metabolism of juvenile Siberian sturgeon[J]. Transactions of the American Fisheries Society, 144: 532-539.

CAI L, JOHNSON D, FANG M, et al., 2017. Effects of feeding, digestion and fasting on the respiration and swimming capability of juvenile sterlet sturgeon[J]. Fish Physiology and Biochemistry, 43: 279-286.

CASTRO-SANTOS T, 2005. Optimal swim speeds for traversing velocity barriers: An analysis of volitional high-speed swimming behavior of migratory fishes[J]. Journal of Experimental Biology, 208: 421-432.

CLAIREAUX G, LETARDERE J P, 1999. Influence of temperature, oxygen and salinity on the metabolism of the European sea bass[J]. Journal of Sea Research, 42: 157-168.

COLAVECCHIA M, KATOPODIS C, GOOSNEY R, et al., 1998. Measurement of burst swimming performance in wild Atlantic salmon(*Salmo salarl*) using digital telemetry[J]. Regulated Rivers: Research and Management, 14: 41-51.

COUNIHAN T D, FROST C N, 2011. Influence of externally attached transmitters on the swimming performance of juvenile white sturgeon[J]. Transaction of the American Fisheries Society, 128: 965-970.

DABROWSKI K, JEWSON D H, 1984. The influence of Light environment on depth of visual feeding by larvae and fry of Coregonuspollan (Thompson) in Lough Neagh[J]. Journal of Fish Biology, 25: 721-729.

DEANGELIS D L, GROSS L J, 1992. Individual Based Models and Approaches in Ecology: Concepts and Models[M]. New York: Chapman and Hall: 216.

DENBLEYKER J S, WEBER L J, ODGAARD A J, 1997. Development of a flow spreader for fish bypass outfalls[J]. North American Journal of Fisheries Management, 17: 743-750.

DEWAR H, GRAHAM J B, 1994. Studies of tropical tuna swimming performance in a large water tunnel. III. Kinematics[J]. Journal of Experimental Biology, 192: 45-59.

DESLAURIERS D, KIEFFER J D, 2012a. The effects of temperature on swimming performance of juvenile shortnose sturgeon (*Acipenser brevirostrum*)[J]. Journal of Applied Ichthyology, 28: 176-182.

DESLAURIERS D, KIEFFER J D, 2012b. Swimming performance and behavior of young-of-the-year shortnose sturgeon (*Acipenser brevirostrum*)under fixed and increased velocity swimming tests[J]. Canadian Journal of Zoology, 351: 345-351.

DONLEY J M, DICHSON K A, 2000. Swimming kinematics of juvenile kawakawa tuna (*euthynnus affinis*) and chub mackerel (*scomber japonicus*)[J]. Journal of Experimental Biology, 203: 3103-3116.

EVANS D O, 1984. Temperature independence of the annual cycle of standard metabolism in the pumpkinseed[J]. Transaction of the American Fisheries Society, 113: 494-512.

FARRELL A P, LEE C G, TIERNEY K, et al., 2003. Field-based measurements of oxygen uptake and swimming performance with adult Pacific salmon using a mobile respirometer swim tunnel[J]. Journal of Fish Biology, 62: 64-84.

FERGUSON P A, KIEFFER J D, TUFTS B L, 1993. The effects of body size on the acid-base and metabolite status in the white muscle of rainbow trout before and after exhaustive exercise[J]. Journal of Experimental Biology, 180: 195-207.

GEHRKEL P C, FIDLER L E, MENSE D C, et al., 1990. A respirometer with controlled water quality and computerized data acquisition for experiments with swimming fish[J]. Fish Physiology and Biochemistry, 8: 61-67.

GOODWIN R A, NESTLER J M, ANDERSON J J, et al., 2006. Forecasting 3-D fish movement behavior using a Eulerian-Lagrangian-agent method (ELAM)[J]. Ecological Modelling, 192: 197-223.

GRAHAM J B, DEWAR H, LAI N C, et al., 1990. Aspects of shark swimming performance determined using a large water tunnel[J]. Journal of Experimental Biology, 151: 175-192.

HAEFNER J W, BOWEN M D, 2002. Physical-based model of fish movement in fish extraction facilities[J]. Ecological Modelling, 152: 227-245.

HANCOCK T V, GLEESON T T, 2002. Metabolic recovery in the desert iguana (Dipsosaurus dorsalis) following activities of varied intensity and duration[J]. Functional Ecology, 16: 40-48.

HE X, LU S, LIAO M, et al., 2013. Effects of age and size on critical swimming speed of juvenile Chinese sturgeon *Acipenser sinensis* at seasonal temperatures[J]. Journal of Fish Biology, 82: 1047-1056.

HEIN A M, HOU C, GILLOOLY J F, 2012. Energetic and biomechanical constraints on animal migration distance[J]. Ecology Letters, 15: 104-110.

HILDEBRAND S G, 1980. Analysis of Environmental Issues Related to Small Scale Hydroelectric Development II-Design Considerations for Passing Fish Upstream Around Dams[M]. Tennessee USA: Environmental Sciences Division Publication.

HÖLKER F, 2003. The metabolic rate of roach in relation to body size and temperature[J]. Journal of Experimental Biology, 62: 565-579.

JAIN K E, HAMILTON J C, FARRELL A P, 1997. Use of a ramped velocity test to measure critical swimming speed in rainbow trout (*Oncorhynchus mykiss*)[J]. Comparative Biochemistry Physiology A, 117: 441-444.

JORDE K, SCHNEIDER M, PETER A, 2001. Fuzzy based models for the evaluation of fish habitat quality and instream flow assessment[C]. Proceedings of the 2001 International Symposium on Environmental Hydraulics, Tempe, Arizona, USA.

KATO S, TAMADA K, SHIMADA Y, et al., 1996. A quantification of goldfish behavior by an image processing system[J]. Behavioural Brain Research, 80: 51-55.

KATOPODIS C, 2002. Developing a toolkit for fish passage and fish habitat projects[C]. Proceedings of the 4th Ecohydraulics Conference and Environmental Flows. Cape Town, South Africa.

KATZ S L, SYME D A, SHADWICK R E, 2001. High-speed swimming: Enhanced power in yellowfin tuna[J]. Nature, 410: 770-771.

KIEFFER J D, 2000. Limits to exhaustive exercise in fish[J]. Comparative Biochemistry Physiology A, 126: 161-179.

KIEFFER J D, 2010. Perspective-Exercise in fish: 50+ years and going strong[J]. Comparative Biochemistry Physiology A, 156: 163-168.

KOLOK A S, ORIS J T, 1995. The relationship between specific growth rate and swimming performance in male fathead minnows (*Pimephales promelas*)[J]. Canadian Journal of Zoology, 73: 2165-2167.

KORSMEYER K E, STEFFENSEN J F, HERSKIN J, 2002. Energetics of median and paired fin swimming, body and caudal fin swimming, and gait transition in parrotfish (*Scarus schlegeli*) and triggerfish (*Rhinecanthus aculeatus*)[J]. Journal of Experimental Biology, 205: 1253-1263.

LANKFORD S E, ADAMS T E, CECH J J, 2003. Time of day and water temperature modify the physiological stress response in green sturgeon, Acipensermedirostris[J]. Comparative Biochemistry Physiology A, 135: 291-302.

LAUDER G V, 2000. Function of the caudal fin during locomotion in fishes: kinematics, flow visualization, and evolutionary patterns[J]. American Zoologist, 40: 101-122.

LIN P J, NI I H, HUANG B Q, 2008. Evaluation of the swimming ability of wild caught Onychostomabarbatula(Cyprinidae) and applications to fishway design for rapid streams in Taiwan[J]. Raffles Bulletin of Zoology, 19: 273-284.

LINDSEY C C, 1978. Form, function and locomotory habits in fish[J]. Fish Physiology: 1-100.

LOWE C G, 1996. Kinematics and critical swimming speed of juvenile scalloped hammerhead sharks[J]. Journal of Experimental Biology, 199: 2605-2610.

MACNUTT M J, HINCHSG, FARRELL A P, et al., 2004. The effect of temperature and acclimation period on repeat swimming performance in cutthroat trout[J]. Journal of Fish Biology, 65: 342-353.

MANDAL P, CAI L, TU Z, et al., 2016. Effects of acute temperature change on the metabolism and swimming ability of juvenile sterlet sturgeon(*Acipenser ruthenus*, Linnaeus 1758)[J]. Journal of Applied Ichthyology, 32: 267-271.

MAYFELD R B, CECH J J R, 2004. Temperature effcts on green sturgeon bioenergetics[J]. Transaction of the American Fisheries Society, 133: 961-970.

MCKENZIE D J, CATALDI E, ROMANO P, et al., 2001. Effects of acclimation to brackish water on the growth, respiratory metabolism, and swimming performance of young-of-the-year Adriatic sturgeon(*Acipenser naccarii*)[J]. Canadian Journal of Fisheries and Aquatic Sciences, 58: 1104-1112.

MESELHE E A, WEBER L J, ODGAARD A J, et al., 2000. Numerical modeling for fish diversion studies[J]. Journal of Hydraulic Engineering, 126: 365-374.

MILLER E A, FROEHLICH H E, COCHERELL D E, et al., 2014. Effects of acoustic tagging on juvenile green sturgeon incision healing, swimming performance, and growth[J]. Environmental Biology of Fishes, 97: 647-658.

MILLIGAN C L, 1996. Metabolic recovery from exhaustive exercise in rainbow trout[J]. Comparative Biochemistry Physiology A, 113: 51-60.

MOSER M L, HETTLER W F, 1989. Routine metabolism of juvenile spot, Leiostomusxanthums (Lacepede), as a function of temperature, salinity and weight[J]. Journal of Fish Biology, 35: 703-707.

NELSON J A, GOTWALT S P, WEBBER D M, 2002. Beyond Ucrit: matching swimming performance tests to the physiology ecology of the animal, including a new fish 'drag strip'[J]. Comparative Biochemistry & Physiology A, 133: 289-302.

NESTLER J M, 2002. First principles based attributes for describing a template to develop the reference river[C]. Proceedings of the 4th Ecohydraulics Conference and Environmental Flows. Cape Town, South Africa.

OHLBERGER J, STAAKS G, VANDIJK P L M, et al., 2005. Modelling energetic costs of fish swimming[J]. Journal of Experimental Zoology A, 303: 657-664.

OHLBERGER J, STAAKS G, HOLKER F, 2007a. Effects of temperature, swimming speed and body mass on standard and active metabolic rate in vendace(*Coregonus albula*)[J]. Journal of Comparative Physiology B, 177(8): 905-916.

OHLBERGER J, STAAKS G, HÖLKER F, 2007b. Estimating the active metabolic rate (AMR) in fish based on tail beat frequency (TBF) and body mass[J]. Journal of Experimental Zoology A, 307: 296-300.

ORSBORN J F, 1987. Fishways-historical assessment of design practices[C]. American Fisheries Society Symposium, 1: 122-130.

PEAKE S J, 1997. An evaluation of the use of critical swimming speed for determinationof culver water velocity criteria for smallmouth bass[J]. Transactions of the American Fisheries Society, 133: 1472-1479.

PEAKE S J, FARRELL A P, 2004. Locomotory behaviour and post-exercise physiology in relation to swimming speed, gait transition, and metabolism in free-swimming smallmouth bass *Micropterus dolomieu*[J]. Journal of Experimental Biology, 207: 1563-1575.

PEAKE S J, BEAMISH F W H, MCKINLEY R S, et al., 1995. Swimming performance of lake sturgeon, Acipenser fulvescens[J]. Canadian Technical Report of Fisheries and Aquatic Sciences. 2063(4-6): 570-579.

PEAKE S J, BEAMISH F W H, MCKINLEY R S, et al., 1997a. Relating swimming performance of lake sturgeon, *Acipenser fulvescens*, to fishway design[J]. Canadian Journal of Fisheries and Aquatic Sciences, 54: 1361-1366.

PEAKE S J, MCKINLEY R S, SCRUTON D A. 1997b. Swimming performance of various freshwater Newfoundland salmonids relative to habitat selection and fishway design[J]. Journal of Fish Biology, 51: 710-723.

PEAKE S J, MCKINLEY R S, SCRUTON D A, 2000. Swimming performance of walleye (*Stizostedion vitreum*)[J]. Canadian Journal Zoology, 78: 1686-1690.

PEDERSEN J, 2001. Hydroacoustic measurement of swimming speed of North Sea saithe in the field[J]. Journal of Fish Biology, 58: 1073-1085.

PLAUT I, 2001. Critical swimming speed: its ecological relevance[J]. Comparative Biochemistry Physiology A, 131: 41-50.

PRIEDE I G, HOLLIDAY F G, 1980. The use of a new tilting tunnel respirometer to investigate some aspects of metabolism and swimming activity of the plaice (*Pleuronectes platessa* L)[J]. Journal of Experimental Biology, 85: 295-309.

QU Y, DUAN M, YAN J, et al., 2013. Effects of lateral morphology on swimming performance in two sturgeon species[J]. Journal of Applied Ichthyology, 29: 310-315.

QUIROS R, 1989. Structures assisting the migrations of non-salmonid fish: Latin America[J]. Rome: Food and Agriculture of Organization of the United Nations, 25: 41.

RAND P S, HINCH S G, 1998. Swim speeds and energy use of upriver-migrating sockeye salmon (*Oncorhynchus nerka*): simulating metabolic power and assessing risk of energy depletion[J]. Canadian Journal of Fisheries and Aquatic Sciences, 55: 1832-1841.

RODRIGUEZ T T, AGUDO J P, MOSQUERA L P, et al., 2006. Evaluating vertical-slot fishway designs in terms of fish swimming capabilities[J]. Ecological Engineering, 27: 37-48.

ROME L C, 1994. The mechanical design of the muscular system//Comparative Vertebrate Exercise Physiology: Unifying Physiological Principles, vol. 38A. JONES J H eds. San Diego: Academic

Press: 125-179.

SABATON C, 2002. Development and use of the fish habitat and population dynamics models as management tools for hydropower plants[C]. Proceedings of the 4th Ecohydraulics Conference and Environmental Flows. Cape Town, South Africa.

SCHAROLD J, LAI N C, LOWELL W R, et al., 1989. Metabolic rate, heart rate, and tailbeat frequency during sustained swimming in the leopard shark Triakissemifasciata[J]. Experimental Biology, 48: 223-230.

SCHURMANN H, CLAIREAUX G, CHARTOIS H, 1998. Change in vertical distribution of sea bass (*Dicentrarchus labrax* L.) during a hypoxic episode[J]. Hydrobiologia, 371: 207-213.

SEPULVEDA C, GRAHAM J B, BERNAL D, 2007. Aerobic metabolic rates of swimming juvenile mako sharks, *Isurus oxyrinchus*[J]. Marine Biology, 152: 1087-1094.

SFAKIOTAKIS M, LANE D M, DAVIES J B C, 1999. Review of fish swimming modes for aquatic locomotion[J]. IEEE Journal of Oceanic Engineering, 24: 237-252.

SINHA S K, WEBER L J, ODGAARD A J, 1999. Using computational tools to enhance fish bypass[J]. HydroReview, 18: 50-59.

STARRS D, EBNER B C, LINTERMANS M, et al., 2011. Using sprint swimming performance to predict upstream passage of the endangered Macquarie perch in a highly regulated river[J]. Fisheries Management and Ecology, 18: 360-374.

STEEL R G D, TORRIE J H, 1960. Principles and procedures of statistics with special reference to the biological sciences[M]. New York: McGraw-Hill.

STEINHAUSEN M F, STEFFENSEN J F, ANDERSEN N G, 2005. Tail beat frequency as a predictor of swimming speed and oxygen consumption of saithe (Pollachius virens) and whiting (Merlangius merlangus) during forced swimming[J]. Marine Biology, 148: 197-204.

SVENDSEN J C, TUDORACHE C, JORDAN A D, et al., 2010. Partition of aerobic and anaerobic swimming costs related to gait transitions in a labriform swimmer[J]. Journal of Experimental Biology, 213: 2177-2183.

THORARENSEN H, GALLAUGHER P E, FARRELL A P, 1996. Cardiac output in swimming rainbow trout, Oncorhynchus mykiss, acclimated to seawater[J]. Physiological Zoology, 69: 139-153.

TU Z, YUAN X, HUANG Y, et al., 2011. Aerobic swimming performance of juvenile *Schizothorax chongi* (Pisces, Cyprinidae) in the Yalong River, southwestern China[J]. Hydrobiologia, 675: 119-127.

TU Z, LI L, HUANG Y, et al., 2012. Aerobic swimming performance of juvenile Largemouth bronze gudgeon (Coreius guichenoti) in the Yangtze River[J]. Journal of Experimental Zoology, 317: 294-302.

TUDORACHE C, VIAENE P, BLUST R, et al., 2008. A comparison of swimming capacity and energy use in seven European freshwater fish species[J]. Ecology of Freshwater Fish, 17: 284-291.

VERHILLE CE, POLETTO J B, COCHERELL D E, et al., 2014. Larval green and white sturgeon swimming performance in relation to water-diversion flows[J]. Conservation Physiology, 2: cou031.

VIDELER J J, WEIHS D, 1982. Energetic advantages of burst-and-coast swimming of fish at high speeds[J]. Journal of Experimental Biology, 97: 169-178.

VIDELER J J, HESS F, 1984. Fast continuous swimming of two pelagic predators saithe (*Pollachius virens*) and mackerel (*Scomber scombrus*): A kinematic analysis[J]. Journal of Experimental Biology, 109: 209-228.

VIDELER J J, 1993. Fish swimming[M]. London: Chapman & Hall: 185.

WAGNER E J, ROSS D A, ROUTLEDGE D, et al., 1995. Performance and behavior of cutthroat trout (*Oncorhynchus clarki*) reared in covered raceways or demand fed[J]. Aquaculture, 136: 131-140.

WEBB P W, 1975. Hydrodynamics and energetics of fish propulsion[C]. Ottawa: Bulletin of the Fisheries Research Board of Canada 190, 113.

WEBB P W, 1984. Form and function in fish swimming. Scientific American, 251: 72-82.

WEBB P W, 1998. Swimming//EVANS D H, eds. Physiology of Fishe. Boca Raton: CRC Press: 3-24.

WILKENS J L, KATZENMEYER A W, HAHN N M, et al., 2015. Laboratory test of suspended sediment effects on short-term survival and swimming performance of juvenile Atlantic Sturgeon (*Acipenser oxyrinchus oxyrinchus*, Mitchill, 1815) [J]. Journal of Applied Ichthyology, 31: 984-990.

YANASE K, EAYRS S, ARIMOTO T, 2007. Influence of water temperature and fish length on the maximum swimming speed of sand flathead, *Platycephalus bassensis*: Implications for trawl selectivity[J]. Fisheries Research, 84: 180-188.

YOUNG P S, CECH J J, 1996. Environmental tolerances and requirements of splittail[J]. Transactions of the American Fisheries Society, 125: 664-678.

YUAN X, CAI L, JOHNSON D, et al., 2016. Oxygen consumption and swimming behavior of juvenile Siberian sturgeon (*Acipenser baerii*) during stepped velocity tests[J]. Aquatic Biology, 24: 211-217.

第3章
环境因素对鱼类游泳特性的影响及评价

水温、光、溶氧、可溶性污染物等环境相关因素都会对鱼类游泳特性产生影响。这些影响可能是轻微的，也可能是显著的；可能是独立的，也可能是有交互作用的。

3.1 水温影响及评价

3.1.1 概述

水利水电工程的建设使得水库呈现垂向上规律性的水温分层。同时下游河道季节性水温变化发生改变，往往表现为春、夏季水温下降，秋、冬季水温升高。冬季水温升高有利于鱼类的生长，但是春夏季水温降低对大多数鱼类的繁殖和洄游不利。温度对鱼类代谢反应速率起控制作用（谢小军和孙儒泳，1989）。随着温度升高，鱼体内各种酶的活性增加，并表现为各组织代谢能量需求增加，导致鱼类耗氧率随着水温升高而上升。鱼类的代谢、食物的消化吸收等生理机能都会受到水温的影响，并且都有一定的适应范围（Guderley，2004a）。一般来说，鱼类游泳能力的最适温度介于其最适生存温度范围之内（Guderley & Blier，1988）。大量研究表明：鱼类的临界游泳能力与温度的关系呈"钟型"或"线型"（Yan et al.，2015；Pang et al.，2013；Claireaux et al.，2009，2006；MacNutt et al.，2006；Jain & Farrell，2003；Jain et al.，1998），"钟型"是指随着温度的增加临界游泳能力先增加到最大值，然后停止或者直接下降的过程；"线型"即游泳能力随温度的增加而增加呈线性增加趋势。温度对鱼类游泳能力的影响主要是通过影响鱼类代谢过程实现。

水温不仅影响鱼类的生长代谢、发育、游泳能力，还影响其在水域中的分布（Booth et al.，2014；Moyano et al.，2014；袁喜 等，2014）。自然界通常存在两种类型的水温变化，即长期的缓慢温度变化（如季节更替）和短暂的急性温度变化（如潮汐带、洄游和洪水期）。水库取水时，由于上下游水位落差比较大，水库中下层水温明显低于表面水温，而且在深水域存在水温剧变的温跃层，其温度梯度可达 0.9℃/m（脱友才 等，2014），当水库深层取水时，急剧降低的水温会对下游鱼类生理功能产生胁迫，影响鱼类生长繁殖和洄游。

3.1.2　水温对几种鲤科和鲟科鱼类游泳特性的影响及评价

草鱼（*Ctenopharyngodon idellus*）、鲢（*Hypophthalmichthys molitrix*）、鳙（*Aristichthys nobilis*）现广泛分布于全球淡水流域，是中国重要的经济鱼类，具有半洄游习性。圆口铜鱼（*Coreius guichenoti*）现主要分布于长江中上游流域，为当地重要经济鱼类和保护鱼类。中华鲟（*Acipenser sinensis*）现主要分布于长江中下游及我国沿海，为我国一级保护动物，具长距离洄游习性。近年来水质污染较严重、渔业滥捕现象层出不穷、水利工程造成的阻隔作用，共同使得中国境内上述野生鱼类资源量急剧下降。考虑近年来中国境内存在大量的已建、在建和规划中的水利工程，若不尽快考虑并采取有效的河道连通性恢复措施，势必进一步缩减野生资源量并威胁到鱼类的遗传多样性。

1. 材料与方法

实验鱼在250 L（110 cm×45 cm×50 cm）水箱中暂养2周，暂养期间为自然水温，自然光照，日换水量约为20%。暂养期间连续充氧，保持水槽内溶解氧大于6.0 mg/L。每日喂食2次，喂食量为鱼体重的3%。水温控制方法为：2周驯养结束后，将实验鱼按不同驯化温度分组，控制每组暂养水箱水温每天升高或降低1～2℃，直至达到设定温度，并保持在实验温度驯养2周。同时将游泳实验装置中的水温控制在实验设定温度下。装置中水流速度使用三维点式流速仪（Nortek，Vectrino）标定，水温由加热棒和制冷机联合控制。为了考察温度对临界游泳速度及活动代谢的影响，设置4个实验温度10℃、15℃、20℃及25℃。实验鱼按不同驯化温度各自分为3组，每组10条鱼，利用加热棒和冷却装置控制暂养水槽温度每天升高或降低1～2℃，直至达到设定温度，然后在设定温度下驯养两周。鱼在实验前禁食两天，消除摄食对实验的影响。

临界游泳速度（U_{crit}）测定方法：实验所用仪器为2.2.2小节中的图2.5循环式游泳呼吸仪，采用递增流速法测定鱼类的临界游泳速度。在自制的鱼类游泳能力测定装置内，利用光滑细网快速将鱼移入游泳区域内。调节装置内流速为最小（0.08 m/s），实验鱼在小流速下适应12 h。然后每间隔30 min调节一次流速，流速增量为0.5 bl/s（鲟）或1.0 bl/s（鲤），直至鱼疲劳。鱼疲劳的判定：鱼靠在下游网上停滞20s，不能重游泳，则视为疲劳。U_{cirt}的计算公式为$U_{crit}=U_p+(t_f/t_i)\times U_t$（Brett，1964），其中$U_p$（bl/s）表示鱼所能游完的整个测试时间周期时的游泳速度，U_t（bl/s）表示速度梯度，t_f（min）表示鱼最后一次增速至鱼类疲劳时所经历的时间，t_i（min）表示时间梯度。U_{burst}计算公式和U_{cirt}类似，仅t_i常数不同。由于实验用鱼的最大垂直横截面积小于游泳区垂直横截面积的10%，水流对鱼拖拽力影响可以忽略（Hammer，1995）。

在测试过程中同步测试水体中溶氧率，并通过推算即可得到耗氧率M_{O_2}：以测试时间（t，h）为横坐标，溶氧率（DO，mg/L）为纵坐标，进行回归拟合，然后将方程斜率带入方程进行求解即可得到鱼类耗氧率：$M_{O_2}=[d(DO)/dt-d(DO_c)/dt]\times V/m$，其中$V$（L）表示代装置密封区容积，$m$（kg）表示代鱼的体重，$d(DO)/dt$（mgO$_2$/L×h）表示在某一流速梯度条件下的鱼类耗氧率（也即DO和t进行线性拟合方程的斜率），$d(DO_c)/dt$（mgO$_2$/L×h）表示装置不放鱼的时候，水体（微生物）耗氧率。实验过程中日常耗氧率记为$M_{O_2\,routine}$（即鱼类在1.0 bl/s速度附近下的耗氧率），最大耗氧率记为$M_{O_2\,max}$。鱼类耗氧代谢范围（aerobic scope）AS=$M_{O_2\,max}-M_{O_2\,routine}$。

2. 实验结果

温度和游泳速度是鱼类活动代谢的重要影响因子。测定临界游泳速度过程中，研究不同温度条件下的耗氧率（M_{O_2}）随流速（U）的变化，采用线性拟合得到各温度下M_{O_2}-U能量代谢模型（图3.1～图3.5，表3.1）。研究中鲤科鱼类耗氧率利用$M_{O_2}=a+bU^c$方程拟合，c值能够反映鱼类游泳过程中的能量利用效率。速度指数与温度有关，在不同的温度下，表现不同的能量利用效率，速度指数越大，能量利用效率越低。鲟鱼耗氧率利用$M_{O_2}=e^{a+bU+cU^2}$方程拟合较好。以鳡幼鱼为例在20～25℃时c值较小，游泳能力和能量利用效率最高。

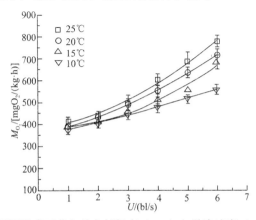

图3.1　不同温度下草鱼幼鱼耗氧率（M_{O_2}）与游泳速度（U）的关系

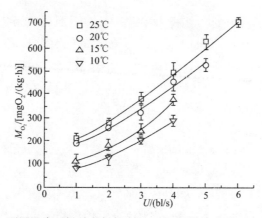

图 3.2　不同温度下鲢幼鱼耗氧率（M_{O_2}）与游泳速度（U）的关系

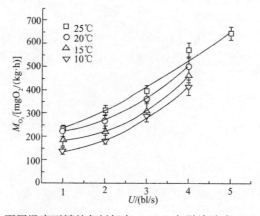

图 3.3　不同温度下鳙幼鱼耗氧率（M_{O_2}）与游泳速度（U）的关系

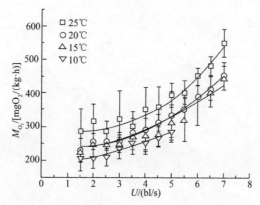

图 3.4　不同温度下圆口铜鱼幼鱼耗氧率（M_{O_2}）与游泳速度（U）的关系

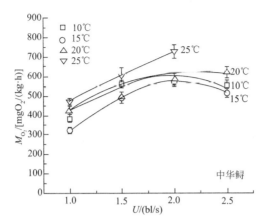

图 3.5 不同温度下中华鲟幼鱼耗氧率（M_{O_2}）与游泳速度（U）的关系

表 3.1 实验鱼的能量代谢模型

种类	水温/℃	$M_{O_2\,routine}$	$M_{O_2\,max}$	AS	代谢模型	参考文献
鲢	25	212.12	707.46	495.34	$M_{O_2}=151.34+55.14U^{1.29}$	蒋清等（2016）
	20	188.24	526.61	338.37	$M_{O_2}=147.0+414.70U^{1.39}$	
	15	114.63	378.17	263.54	$M_{O_2}=97.47+19.12U^{1.91}$	
	10	84.18	287.59	203.41	$M_{O_2}=60.78+23.13U^{1.65}$	
鳙	25	262.13	643.23	381.1	$M_{O_2}=190.58+45.86U^{1.44}$	袁喜等（2014）
	20	225.18	507.78	282.6	$M_{O_2}=211.46+12.76U^{2.27}$	
	15	187.25	464.71	277.46	$M_{O_2}=179.06+7.32U^{2.64}$	
	10	138.16	413.23	275.07	$M_{O_2}=121.68+14.03U^{2.20}$	
草鱼	25	412.39	777.46	365.07	$M_{O_2}=386.79+19.73U^{1.68}$	袁喜等（2014）
	20	387.13	711.28	324.15	$M_{O_2}=360.42+26.45U^{1.15}$	
	15	387.09	684.91	297.82	$M_{O_2}=380.85+7.61U^{2.03}$	
	10	374.76	560.89	186.13	$M_{O_2}=350.52+22.98U^{1.23}$	
圆口铜鱼	25	282.00	550.32	268.32	$M_{O_2}=285.91+0.83U^{2.95}$	涂志英等（2016）
	20	229.20	453.00	223.80	$M_{O_2}=236.64+1.86U^{2.44}$	
	15	224.98	446.01	221.03	$M_{O_2}=224.12+1.33U^{2.59}$	
	10	203.81	285.00	81.19	$M_{O_2}=178.09+12.67U^{1.31}$	
中华鲟	25	472.97	726.84	253.87	$M_{O_2}=e^{2.32+0.47U-0.16U^2}$	Yuan 等（2017）
	20	425.37	621.81	196.44	$M_{O_2}=e^{2.07+0.78U-0.24U^2}$	
	15	324.41	575.08	250.67	$M_{O_2}=e^{2.02+0.58U-0.25U^2}$	
	10	385.04	582.84	197.80	$M_{O_2}=e^{2.40+0.33U-0.04U^2}$	

　　临界游泳速度是评价鱼类游泳能力的重要指标之一，同时也是鱼道设计的重要参考因素。鱼类达到临界游泳速度通常是有氧呼吸供能和无氧呼吸供能的共同作用结果，以有氧呼吸供能为主。由临界游泳速度测定结果可知，10~25℃实验鲤科鱼类临界游泳速度随着温度的升高而增大，U_{crit}-T呈直线型（图3.6和表3.2）。鲟幼鱼临界游泳速度随着温度的升高先增加后降低（图3.6和表3.2）。5种鱼中，

草鱼、圆口铜鱼和鲢幼鱼的U_{crit}较大。其中鲢的U_{crit}随温度的增加，临界游泳速度增加度最大；圆口铜鱼的U_{crit}随温度的增加，临界游泳速度增加幅度最小。而鲟的U_{crit}-T呈非直线型，当超过一定温度范围时，游泳能力降低，这与鲟的生长温度环境有关。中华鲟幼鱼最适U_{crit}在17℃左右，为3.28 bl/s。实验中鲤科鱼U_{crit}较中华鲟大。$M_{O_2\ routine}$、$M_{O_2\ max}$和AS随着温度的变化趋势相似，均表现为随着温度的升高而增加，氧代谢能力提高，与临界游泳速度变化趋势相同。

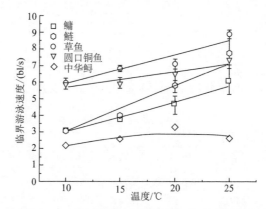

图 3.6　不同温度下实验鱼临界游泳速度关系图

表3.2　不同温度下实验鱼临界游泳速度统计表

种类	体长	体重	体型因子	水温	U_{crit}/（bl/s）	U_{crit}-T	参考文献
鲢	10.45±0.17	15.85±0.22	1.39	25	7.87±0.80	$U_{crit} = 0.28 + 0.28T$	蒋清等（2016）
				20	5.76±0.32		
				15	4.03±0.37		
				10	3.12±0.21		
鳙	10.85±0.18	26.01±0.43	2.04	25	6.06±0.76	$U_{crit} = 1.11 + 0.18T$	袁喜等（2014）
				20	4.66±0.56		
				15	3.77±0.44		
				10	3.07±0.42		
草鱼	9.95±0.06	15.75±0.11	1.60	25	8.88±0.32	$U_{crit} = 4.23 + 0.17T$	袁喜等（2016）
				20	7.11±0.29		
				15	6.83±0.22		
				10	6.02±0.25		
圆口铜鱼	17.2±0.10	67.3±0.26	1.32	25	7.37±0.53	$U_{crit} = 4.81 + 0.09T$	涂志英等（2016）
				20	6.54±0.41		
				15	5.96±0.36		
				10	5.91±0.37		
中华鲟	13.70±0.31	5.69±0.21	0.22	25	2.57±0.16	$U_{crit} = \dfrac{3.28}{\left(1 + \dfrac{T - 15.96}{10.45}\right)^2}$	Yuan 等（2017）
				20	3.28±0.14		
				15	2.56±0.081		
				10	2.23±0.089		

3. 讨论

在一定温度范围内，随温度的升高，最大耗氧率$M_{O_2\ max}$会显著提高（Rosewarne et al.,

2016；徐革锋 等，2014；杨阳 等，2013；Johansen & Jones，2011；陈波见 等，2001）；而温度超过一定范围，代谢率的上升幅度趋缓，甚至不变或下降（Pang et al.，2013；Christelle & Guy，2003）。耗氧代谢范围（AS）一般会随温度升高呈现先上升、后下降的变化趋势（Claireaux ct al.，2009；Lee et al.，2003）。鱼类$M_{O_2\,routine}$的水平与其生态习性相关（陈娟和谢小军，2002），一般较活跃的鱼类$M_{O_2\,routine}$较高（Duthie & Houlihan，1982）。鱼类$M_{O_2\,routine}$表现出明显的温度依赖性，随环境温度的升高，$M_{O_2\,routine}$也随之上升（Pang et al.，2013；Claireaux et al.，2006；杨振才和谢小军，1995；谢小军和孙儒泳，1991）。除此之外，鱼类$M_{O_2\,routine}$具有明显的种类特异性，即便处于同一水域，各自的生理状态和生态习性也存在很大不同，随着水温的升高，其机体代谢增强及各种酶活性提高的幅度有显著差异，从而导致不同种类之间的$M_{O_2\,routine}$差异显著（Fu et al.，2009）。$M_{O_2\,routine}$为呼吸、渗透调节、血液循环和排泄等生理活动提供能量保障（Christelle & Guy，2003），长期以来被广泛关注。

一些温水性鱼类在适宜温度范围内$M_{O_2\,max}$随温度的上升而不断增加（Pang et al.，2013；Claireaux et al.，2006），温度在10~25℃四大家鱼、圆口铜鱼等鲤科鱼类$M_{O_2\,max}$随温度的上升而线性增加。在饱和溶氧和适温条件下，随着水温的上升，细鳞鲑（*Brachymystax lenok*）幼鱼的MMR不断升高。但是超过一定温度（24℃水温），细鳞鲑幼鱼会因高温休克，甚至死亡（杨阳 等，2013）。随温度升高水体溶氧降低，鳃运动频率增加可以提高摄氧能力，但同时也会加速体内离子流失，引起渗透压调节失衡（Silkin & Silkina，2005）；在高温环境中，鱼的心鳃功能出现一定程度的衰竭也会导致$M_{O_2\,max}$降低（Eliason et al.，2011）。因此，鱼类对温度变化的适应，需要在呼吸代谢和生活能量需求方面进行相应的权衡（Holt & Jørgensen，2015）。

耗氧代谢范围（AS）代表鱼类有氧生理活动的潜在能力，其最适生存温度主要取决于其自身的生理生态习性与代谢特征。中华倒刺鲃（*Spinibarbus sinensis*）（庞旭，2012）、鳊（*Parabramis pekinensis*）（杨阳 等，2013）、四大家鱼等为广温性鱼类，在研究温度范围内，高温条件下的AS较高，而细鳞鲑幼鱼的AS与温度关系却表现出明显的负相关性（杨阳 等，2013）。不同季节的水温变化非常大，鱼类越冬洄游的时间不同，面临的环境温度差别就很大，间接导致鱼类的摄食代谢和游泳能力下降（Johansen & Jones，2011）。因此，环境温度对于鱼类的代谢和游泳潜力的影响就非常值得探究。

鱼类最大持续游泳能力与温度呈现"钟型"或"线型"变化关系可能有三种原因。①鱼体肌组织输出功率的改变，如低温环境中肌细胞线粒体功能的降低，包括线粒体数量、内嵴构造的改变、酶活性和细胞膜流动性的降低等方面（Day & Bulter，2005；Guderley，2004a；Johnson & Bennett，1995；Randall & Brauner，

1991）。②不同温度下鱼体肌组织中运动代谢底物的水平不尽相同，如磷酸肌酸（PCr）、ATP、葡萄糖和脂类物质（Kieffer，2010）。③水体的物理性质发生变化，例如，水体黏度随着的温度的升高逐渐变小，因此相同大小鱼类在高温水体运动的阻力远小于低温；并且水中溶解氧的含量也随着温度的变化发生变化。部分冷水水域鱼类肌纤维细胞中线粒体体积占细胞容积的比例高达60%，这个比例明显高于温带水域鱼类，因此，自然选择迫使生活在低温环境中的鱼类优先提高肌细胞中的线粒体数量为游泳运动提供所需能量，同时也说明线粒体是温度适应首要补偿对象，这与低温条件下线粒体功能受限的观点相一致（Guderley，2004b）。生活在南极的冷水性鱼*Pagothenia borchgrevinki*，其临界游泳速度和活跃代谢率在6℃时不仅远低于3℃的临界游泳速度和活跃代谢率，而且显著低于0℃的临界游泳速度和活跃代谢率，可能是由于*Pagothenia borchgrevinki*长期生活的温度都低于6℃，且生活温度变化范围非常狭窄，在长期的适应进化过程中，鱼类通过自身代谢活动的调节来补偿环境温度变化所产生的影响，从而使其内环境可以处在一个相对稳定的状态，一旦温度高于某个温度，其表现出一种低温生理生态上的"不适应"（Lowe & Davison，2006）。

4. 小结

10～25℃实验鱼鲤科鱼类临界游泳速度随着温度的升高而增大，U_{crit}-T呈直线型。随着温度的升高，鲟科鱼的临界游泳速度先增加后降低。5种鲤科鱼类中，草鱼、圆口铜鱼和鲢幼鱼的临界游泳速度较大，鲢随温度的增加，临界游泳速度增加幅度最大，圆口铜鱼随温度的增加，临界游泳速度增加幅度最小。而鲟U_{cri}-T呈非直线型，超过一定温度范围游泳能力降低。中华鲟幼鱼临界游泳速度在15.96℃最大，为3.28 bl/s。实验中鲤科鱼类U_{crit}普遍较鲟科鱼类大。

3.1.3 急性降温对青鱼游泳特性的影响及评价

青鱼（*Mylopharyngodon piceus*）主要分布于我国长江以南的平原地区，是长江中下游和沿江湖泊里的重要渔业资源，是湖泊、池塘中的主要养殖对象之一。国内外有关青鱼游泳特性（特别是温度变化对游泳特性的影响）的报道较少。通过进行25℃→15℃急性降温处理，与25℃→25℃，15℃→15℃实验组比较，对青鱼幼鱼的临界游泳速度（U_{crit}）、耗氧率（M_{O_2}）及疲劳后的恢复耗氧率进行分析，初步探讨急性降温对青鱼幼鱼游泳特性的影响，丰富鱼类生活习性及游泳能力理论研究，为鱼类资源的保护及鱼道等工程实践提供参考。

1. 材料与方法

人工养殖青鱼（体长8～10cm，体重9.5～12.2g），于2 m× 0.5 m × 1 m的鱼缸中饲养两周，每日投喂足量饲料，进食1 h后，清理鱼缸中的代谢产物及残余食物；水体为曝气后的自来水，利用充气泵充氧保持溶氧量大于7 mg/L，日换水量为驯养水体的10%。驯养期间，以2℃/d的温度速率升高或者降低，在设定温度下驯化两周。实验中设置三个实验组：25℃→25℃，25℃→15℃，15℃→15℃（驯化温度～实验温度），实验前48 h停止喂食，将驯化后的青鱼幼鱼转入实验装置时，小流速（0.08m/s）适应2 h，开始实验。

临界游泳速度（U_{crit}）测定方法：实验所用仪器为2.2.2小节中的图2.5循环式游泳呼吸仪，将单尾驯养鱼转移至游泳能力测定装置中，在最小流速下适应2 h，然后将装置密封。开始实验时，小流速继续游泳30 min；然后每30 min增加一次流速，流速增量为1.0 bl/s。测试期间每5 min测定一次密封区内溶氧量。鱼游泳疲劳后，流速调低至小流速，让鱼休息恢复90 min。U_{cirt}的计算公式为$U_{crit}=U_p+(t_f/t_i)×U_t$（Brett，1964），其中$U_p$（bl/s）表示鱼所能游完的整个测试时间周期时的游泳速度，U_t（bl/s）表示速度梯度，t_f（min）表示鱼最后一次增速至鱼类疲劳时所经历的时间，t_i（min）指代时间梯度。

在测试过程中同步测试水体中溶氧率，并通过推算即可得到耗氧率M_{O_2}。运动疲劳后过量耗氧（EPOC，mgO_2/kg）指鱼类运动疲劳后的耗氧比日常耗氧更多的部分。疲劳后其耗氧率变化曲线在日常耗氧率（基线）上的投影面积即为EPOC。鱼类疲劳前耗氧与EPOC之和为总耗氧，总耗氧率曲线在疲劳前耗氧率曲线上的投影面积约等于EPOC（Brett，1964）。

2. 实验结果

不同温度处理组耗氧率与游泳速度的关系如图3.7所示。表3.3为在25℃→

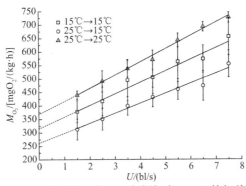

图 3.7 不同温度处理条件下鱼类游泳速度（U）与耗氧率（M_{O_2}）的相关关系（甘明阳 等，2015）

25℃、15℃→15℃及急性降温组 25℃→15℃三组温度下，青鱼幼鱼的耗氧率随流速的增加而增大；25℃→25℃组的耗氧率明显大于 25℃→15℃急性降温组和 15℃→15℃组，并且急性降温组耗氧率低于 15℃→15℃组，温度的急性下降对青鱼的耗氧率有明显的影响。

表3.3　不同温度处理条件下鱼类游泳速度（U）与耗氧率（M_{O_2}）的关系统计（甘明阳 等，2015）

温度/℃	耗氧率	R^2
25→25	$M_{O_2}=49.138U+365.990$	0.995
25→15	$M_{O_2}=37.265U+259.987$	0.972
15→15	$M_{O_2}=42.886U+315.002$	0.973

疲劳后，在低流速下（U=0.08m/s），幼鱼耗氧率随着时间的延长而呈现逐渐降低的趋势，90 min 后趋于稳定（图 3.8）。疲劳后恢复耗氧率可以用 $M_{O_2}=a\times t^b$ 方程拟合，拟合方程见表 3.4。过量快速运动后耗氧量 EPOC 可以反映出无氧呼吸能力，在 25℃→25℃、15℃→15℃及急性降温组 25℃→15℃三组温度下，EPOC 分别是：25℃→25℃，73.14 mgO$_2$/kg；25℃→15℃，102.47 mgO$_2$/kg；15℃→15℃，89.38 mgO$_2$/kg，三个温度处理组差异性较大。

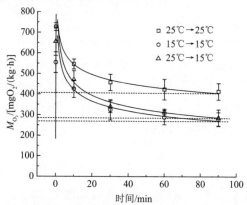

图 3.8　不同温度处理条件下鱼类游泳疲劳后耗氧率（M_{O_2}）随着时间的变化关系（甘明阳 等，2015）

表3.4　不同温度处理条件下鱼类游泳疲劳后耗氧率（M_{O_2}）随着时间的变化统计

温度/℃	耗氧率	R^2	EPOC/（mgO$_2$/kg）
25→25	$M_{O_2}=742.90t^{-0.14}$	0.98	73.14
25→15	$M_{O_2}=744.16t^{-0.21}$	0.97	102.47
15→15	$M_{O_2}=669.53t^{-0.20}$	0.91	89.38

不同温度处理组对青鱼的临界游泳速度产生影响（图 3.9）。25℃→25℃和 15℃→15℃对照组及急性降温组 25℃→15℃的青鱼幼鱼的临界游泳速度 U_{crit} 分别是（11.32±0.29）bl/s、（8.04±0.38）bl/s 和（7.73±0.25）bl/s。急性降温时，青鱼的

临界游泳速度明显下降，15℃→15℃组的 U_{crit} 是 25℃→25℃组的 69.8%，降低了 30.2%，具有显著性差异（$P<0.05$）；急性降温组 25℃→15℃组的 U_{crit} 是 25℃→25℃组的 67.1%，降低了 33.9%，差异性显著（$P<0.05$）；而与 15℃→15℃组比较，U_{crit} 降低了 3.8%，差异性不显著（$P>0.05$）。

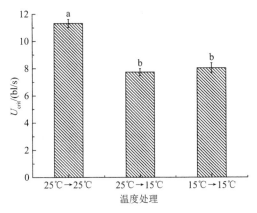

图 3.9　不同温度处理条件下的青鱼临界游泳速度（U_{crit}）（甘明阳 等，2015）

3. 讨论

当水环境温度发生急性变化时，鱼类的呼吸代谢发生明显的变化，急性低温处理后，南方鲇幼鱼和瓦氏黄颡鱼的耗氧率出现先下降后上升，然后又缓慢下降的趋势，瓦氏黄颡鱼需要消耗更多的能量来抵抗急性降温带来的胁迫作用（彭姜岚 等，2007）。本实验研究了青鱼幼鱼在急性降温的条件下的耗氧率变化。25℃→25℃组的耗氧变化率大于 15℃→15℃组的耗氧变化率，25℃→25℃组和 15℃→15℃组耗氧变化率大于 25℃→15℃急性降温组，水温的急剧下降对青鱼的耗氧率有明显的抑制作用。温度从 20℃急性降至 8.5℃时，大黄鱼（*Pseudosciaena crocea*）血清总蛋白和白蛋白的浓度显著降低，后逐渐上升，温度急性降低对其生理产生胁迫，可能是耗氧率受到抑制的原因（冀德伟 等，2009）。

鱼类在使用爆发游泳速度和临界游泳速度疲劳后，体内会积累大量的乳酸等废物，对鱼类身体产生严重的损伤，疲劳后代谢的恢复状况决定了鱼类短期内的重复运动能力，对鱼类的生存具有重要的意义（Scarabello et al.，1992）。过量快速运动后耗氧量（EPOC）可以反映出无氧呼吸能力，EPOC 越大，无氧呼吸能力越大，鱼类游泳疲劳后恢复能力越弱（Pang et al.，2015）。25℃→25℃、15℃→15℃及急性降温组 25℃→15℃三组温度 EPOC 差异性较大。低温条件下其无氧呼吸能力大于高温条件，急性变温时，无氧呼吸显著地增大，有氧呼吸能力减弱，与临界游泳速度获得的结果相一致，急性变温条件下临界游泳速度最小，急性降温对鱼类的游泳能力产生了胁迫。自然环境中当温度突然降低，鱼类通过调节自身肌肉组织，导致快速起动过程中的最大捕食和逃逸速度降低（Careau et al., 2014），对鱼类的运动产生影响。

4. 小结

温度较高时青鱼幼鱼耗氧代谢率和临界游泳速度都比较高，急性降温对青鱼的代谢和游泳能力会产生一定抑制作用。通过急性降温对鱼类游泳速度的影响研究，为鱼类运动适应性研究提供参考，为鱼类资源保护有效措施的实施提供一定的依据。

3.2 水流影响及评价

3.2.1 概述

国内外对鱼类游泳特性的研究主要集中在接近层流流态的均匀流场中，针对非均匀流流态下的游泳特性研究却鲜有报道。复杂非均匀流场条件下，由于水体各部位的流速不尽相同，鱼类游泳运动的游泳形式通常比均匀流场条件下更丰富。因此均匀流场中鱼类行为研究成果在实际过鱼设施设计上的应用效果一直被质疑。Kieffer（2010）综述了近50年鱼类游泳特性研究发展状况，并强调鱼类运动时对水流流态有一定偏好和选择性，鱼类游泳特性与非均匀流场关系的研究十分重要。

流场紊动状态不同，鱼类运动过程中的能量消耗差异显著。紊流强度较大，鱼类运动过程中消耗更多的能量（Tritico & Cotel, 2010；Enders et al., 2003）；恒定流场中固定圆柱形成的湍流卷吸和卡门漩涡能够减少鱼类游泳过程中的能量消耗（Taguchi & Liao, 2011；Liao 2007）。鱼类游泳过程中的能量消耗（Liao et al., 2003）、摄食效率（Enders et al., 2003）、鱼群聚集（Hou et al., 2009）和栖息地选择（Cotel et al., 2006）等与水紊动强度、范围等相关。开展拟自然流场中鱼类代谢行为对鱼类迁移过程中能量消耗的研究具有重要的生态学意义。

3.2.2 挡板扰流对草鱼游泳特性的影响及评价

1. 材料与方法

试验所用的草鱼幼鱼购于水产养殖场，体长8.0～10.0 cm，体重9.2～13.0 g，鱼宽0.7～1.0 cm。实验鱼放于100 L的鱼缸中驯养两周。驯养期间，每天饱食1次人工饲料，进食2 h后清理鱼缸内的残余物，日换水量约30%，实验用水为曝气后的自来水，用充气泵不停向水体充入空气使溶氧水平大于7 mg/L，自然水温（16～18℃），实验前停止喂食48 h。

实验所用的主要仪器有：Vectrino小威龙点式流速仪，DELIXI变速控制器（350 W），2800 r/min的电动机，输水泵（45W、3000L/h），溶氧仪（HACH HQ30d）。摄像装置为25帧/s的摄像机，安装在测定装置的上方，记录鱼类游泳的全过程。采用图3.10所示装置进行游泳实验，中间竖缝宽5 cm。利用流体软件FLOW-3D对该区域的流态进行模拟，挡板将游泳区域按流速分为5个部分（图3.11）：①、④为低流速区；③为中等流速区；②为高流速区；⑤为进口流速区。进口流速U和最大流速（U_{max}）之间的关系：$U_{max}=1.38U$（$R^2=1$）（图3.12（a））；进口流速和最大湍动能（TKE_{max}）之间的关系：$TKE_{max}=0.092U^{0.62}$（$R^2=1$）（图3.12（b））。实验流速在0.1～0.4 m/s时，TKE_{max}范围为0.022～0.052 m²/s²。

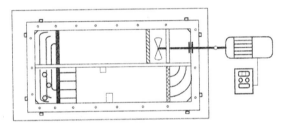

图3.10 鱼游泳实验装置（中间设置 1 cm 和 2 cm 两块隔板形成竖缝）

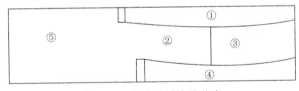

图3.11 实验区域流速分布

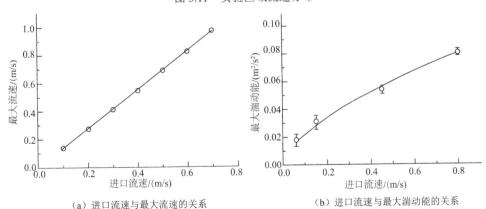

（a）进口流速与最大流速的关系　　　（b）进口流速与最大湍动能的关系

图3.12 进口流速和最大流速、最大湍动能的关系

实验开始前，将鱼从鱼缸中捞出放入试验装置中用 0.5 bl/s 低流速水流适应 2 h。实验采用递增流速法，每隔 20 min 进口（装置游泳区的左侧），流速增加 1 bl/s，期间每隔 5 min 中记录一次水体溶氧变化（即可推算鱼类耗氧率 M_{O_2}），同时记录观察幼鱼的游泳行为，直至草鱼幼鱼通过或抵与下游网不能前行，测试完成后，记录试验鱼的体长和体重。

2. 实验结果

1）草鱼幼鱼在不同流速区停留概率

通过试验录像分析，统计出草鱼在装置非均匀流区中不同流速区的停留时长：流速区④＞流速区①＞流速区③＞流速区②。草鱼幼鱼偏向于小流速区域，在宽挡板后面停留时间大于在窄挡板后面停留时间（图3.13）。

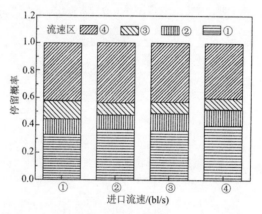

图 3.13　不同速度时草鱼幼鱼在不同区域停留概率

2）摆尾频率

实测草鱼幼鱼10尾，其中有6尾通过竖缝，4尾未通过竖缝，分别对通过和未通过竖缝试验鱼的摆尾频率随进口流速的关系进行统计。进口流速在4 bl/s左右时，草鱼通过或不通过竖缝，如图3.14所示。草鱼幼鱼摆尾频率随进口流速的增加而增加，基本呈线性关系。均匀流场中：$TBF_1=0.52U+1.57$（$R^2=0.98$）；竖缝扰流流场中：通过前，$TBF_2=0.74U-0.08$（$R^2=0.94$）；未通过，$TBF_3=0.74U-0.04$（$R^2=0.94$）。均匀流场中草鱼幼鱼摆尾频率显著大于竖缝扰流流场中的摆尾频率。竖缝干扰流场中，通过和不通过草鱼幼鱼摆尾频率没有差异。

3）耗氧率

当实验装置进口流速调至4 bl/s左右时，草鱼出现通过竖缝现象，故在未设置挡板的装置中（拟均匀流场），采用递增流速法测定1～4 bl/s流速草鱼幼鱼的耗氧率。两种情况下，耗氧率都随进口流速的增加而增加，竖缝干扰流场与均匀流下耗氧

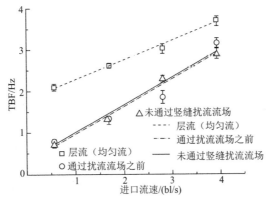

图 3.14 均匀和竖缝扰流流场中草鱼幼鱼摆尾频率（TBF）和速度（U）的关系

率的差值逐渐增大。耗氧率与进口流速的关系（图3.15）分别为：干扰流场，$M_{O_2}=700.91+142.94U^{1.17}$（$R^2=0.983$）；均匀流场，$M_{O_2}=207.59+209.28U^{0.61}$（$R^2=0.976$）。

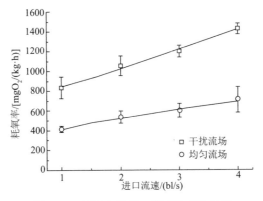

图 3.15 耗氧率随进口流速的变化关系

3. 讨论

通过设置挡板，在实验区域形成非稳定的流场，并产生一定的湍动强度，对鱼类行为产生影响。自然环境中，鱼类能够通过调整运动状态与水流形态相适应，减少运动过程中的能量消耗（Liao，2007；Lupandin，2005）。竖缝式鱼道中，在挡板后面会形成一定的回流区域，水流速度低，水流特征复杂，是鱼类偏向停留的区域（Rodriguez et al.，2006）。通过竖缝之前，草鱼幼鱼在低流速区①、④出现的频率明显高于高流速区②、③停留的频率。在较高流速的时候，鱼类为了维持在装置中稳定状态，采用突进-滑行的方式游泳，并尝试通过垂直竖缝，导致随着流速的增加，幼鱼在流速区②出现的频率呈增加趋势。与自然环境中虹鳟（*Oncorhynchus mykiss*）行为较为相似，低流速时，鳟幼鱼偏好与低湍流强度的流域；高流速时，较多的鱼在湍流强度高的区域出现频率增加（Brannon，2006）。

鱼类胁迫游泳过程中，为了稳定，鱼鳍的调节与运动中能量的消耗关系密切（Roche et al.，2014），特别是尾鳍的推动作用。以往研究表明，鱼类的摆尾频率随着游泳速度的增加而增大，摆尾频率与游泳速度呈线性或指数相关（Xiong & Lauder，2014；Ohlberger et al.，2007）。在应用过程中，摆尾频率可以作为测定游泳能力的一个指标（Ohlberger et al.，2007；Herskin & Steffensen 1998）。在均匀或非稳定流场中，草鱼幼鱼的摆尾频率与游泳速度都呈线性相关。但在竖缝干扰流场中，摆尾频率显著小于均匀流场，耗氧率却显著高于均匀流场。扰流流场中鱼类不断地调整行为，使与涡旋频率同步（Liao et al.，2003）。在调整过程中，游泳运动表现为不连续，导致摆尾频率降低，在不断调整过程中能量消耗增加。

鱼类游泳行为的改变会引起鱼体内新陈代谢和能量需求的调整，运动过程中能量消耗需求是鱼类洄游过程中必须考虑的因素（Ohlberger et al.，2007）。较高的湍流强度会导致鱼类在洄游过程中迷失方向并增加运动能量消耗（Silva et al.，2012；Enders et al.，2003），甚至会对鱼类产生伤害（Odeh et al.，2002；Cada et al.，1999）。扰动流场中，鲑（*Salmo salar*）游泳能量消耗对湍动响应大约占总能量消耗的14%（Enders et al.，2005）。在竖缝扰流流场中，草鱼幼鱼游泳过程中耗氧率明显高于均匀流场中耗氧率。而且，扰流流场中速度系数c值为1.17，明显高于均匀流场（0.61）。c值大小与鱼类游泳效率成反比（Tu et al.，2011）。因此，在湍流强度范围为0.022~0.052 m^2/s^2时，草鱼幼鱼游泳效率降低。

4. 小结

竖缝设置对草鱼幼鱼游泳行为和代谢产生显著的影响。竖缝扰流流场中，湍流强度为0.022~0.052 m^2/s^2时，由于不连续运动，草鱼幼鱼摆尾频率降低显著低于均匀流场中摆尾频率，并且能量消耗增加。扰流流场具有复杂的涡结构，流场中流态复杂，之后研究中需要调整挡板尺寸、挡板分布和游泳室长宽比例等，形成不同的涡和强度，以优化流场湍流强度和流态的设置方案，最大限度地减少鱼类洄游过程中的能源消耗。

3.2.3 圆柱扰流对杂交鲟游泳特性的影响及评价

1. 材料与方法

实验所用杂交鲟幼鱼购于荆州水产养殖场，体长 8.4~10.6 cm，体重 5.2~7.6 g，放置于 2.0 m×0.5 m×0.5 m 鱼缸中驯养两周。驯养期间，每天 9：00 投喂充足鲟饲料，进食 2 h 后清理鱼缸内的残余物，日换水量约为鱼缸水体积的 30%。

实验用水为曝气后的自来水，曝气水泵用于维持水体溶解氧浓度（不低于 6 mg/L），自然水温（16～18℃），自然光。实验前 48 h 停止喂食。每组实验条件设置 8 个重复，实验鱼平均体长（9.13±0.14）cm，平均体重（5.62±0.22）g，每尾鱼仅进行一次实验。

实验所用仪器为 2.2.2 小节中的图 2.5 循环式游泳呼吸仪，采用递增流速法测定鱼类的临界游泳速度。干扰圆柱设置情况如图 3.16 所示（左图，在装置的游泳区中间设置一根直径 1 cm、高 10 cm 的玻璃圆柱；右图，在装置游泳区距游泳区上游断面 25 cm，下游断面 35 cm 处断面平行设置两根规格一样的玻璃圆柱，双圆柱中心距离 L 与圆柱直径 D 之比为 3）。

图 3.16　鱼类游泳能力测定装置中圆柱位置

实验装置中不设置圆柱作为对照组。利用 FLOW-3D 流体计算软件，RNG k-ε 湍流模型，对圆柱扰动流场的水力特征进行数值模拟（图 3.17）。

图 3.17　单圆柱和双圆柱的卡门涡街迹线（U=0.1 m/s，双圆柱中 L/D=3）

入口水流速度 U 与最大湍动能 TKE_{max} 之间的关系（图 3.18）分别为：$TKE_{max 单}$=$0.06U^{1.91}$，$TKE_{max 双}$=$0.11U^{1.96}$。采用 Vectrino 小威龙点式流速仪对装置流速进行校

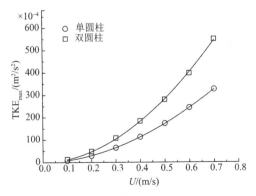

图 3.18　入口水流速度（U）与最大湍动能（TKE）之间的相关关系

调，入口水流速度 U 与最大流速之间的关系分别为 $U_{max单}=1.38U$、$U_{max双}=1.54U$。实验中流速范围 $0.05\sim0.20$ m/s（为 $0.5\sim2.0$ bl/s）单圆柱扰流的最大湍动能范围为 $1.96\times10^{-4}\sim27.74\times10^{-4}$ m²/s²，双圆柱扰流的最大湍动能范围为 $3.10\times10^{-4}\sim46.92\times10^{-4}$ m²/s²。

实验前测量幼鱼的体长并将其转移入装置游泳区，微流速（约 0.03m/s）适应 2 h。采用流速递增法测定鱼类的游泳能力，每隔 30 min 增加一次流速（$\triangle U=0.5$ bl/s 进口流速），直至实验鱼在游泳区筛网上停留 20 s 不能前行，停止实验。实验中每隔 5 min 记录一次密封装置内水体溶解氧量。

U_{cirt} 的计算公式为 $U_{crit}=U_p+(t_f/t_i)\times U_t$（Brett，1964），其中 U_p（bl/s）表示鱼所能游完的整个测试时间周期时的游泳速度，U_t（bl/s）表示速度梯度，t_f（min）表示鱼最后一次增速至鱼类疲劳时所经历的时间，t_i（min）表示时间梯度。单、双圆柱条件下 U_{crit}，通过进口流速与最大流速关系进行换算。

所有实验数据分析均采用 Origin 软件进行统计分析，根据需要采用单因素方差分析（one way analysis of variance，ANOVA）比较组间差异，结果用平均数±标准误差（mean±SE）描述，显著水平为 $P<0.05$。

2. 实验结果

在单圆柱、双圆柱干扰条件下与对照组的 U_{crit} 分别为（2.36 ± 0.09）bl/s、（3.26 ± 0.16）bl/s 和（2.32 ± 0.08）bl/s，单、双圆柱条件下杂交鲟幼鱼 U_{crit} 比对照组分别增加了 1.71% 和 40.41%。但是，与对照组比较，单、双圆柱条件下，U_{crit} 的变异系数增大，特别是双圆柱条件下湍流强度对幼鱼游泳行为影响作用增强（表3.5）。

表3.5　不同条件下杂交鲟幼鱼临界游泳速度及变异系数

组别	平均值/（bl/s）	标准误	变异系数/%
对照组	2.32[a]	0.08	8.14
单圆柱组	2.36[a]	0.09	8.72
双圆柱组	3.26[b]	0.16	16.36

注：a、b 不同字母表示差异性显著

杂交鲟幼鱼游泳过程中的耗氧率，杂交鲟幼鱼耗氧率与游泳速度的关系可以用线性关系 $M_{O_2}=a+b\times U$ 表示（图 3.19；a，b 为常数，表3.6）。双圆柱条件下杂交鲟幼鱼的耗氧率显著低于相同速度下单圆柱组和对照组幼鱼的耗氧率。相同速度下，对照组 b 值为单圆柱组的 1.47 倍、双圆柱组的 1.56 倍。与均匀流场中鱼类的氧消耗比较（$0.5\sim2.0$ bl/s），圆柱扰动使得杂交鲟幼鱼运动过程中能量消耗降低，圆柱扰动影响[$(M_{O_2对}-M_{O_2柱})/M_{O_2对}$]约占杂交鲟幼鱼游泳总消耗的 $19\%\sim34\%$（单圆柱）和 $32\%\sim34\%$（双圆柱）。

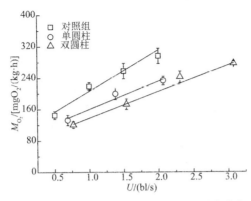

图 3.19 不同条件下杂交鲟幼鱼耗氧率（M_{O_2}）与游泳速度（U）的关系

表 3.6 不同条件下杂交鲟幼鱼 M_{O_2}-U 关系中系数

系数	对照组	单圆柱组	双圆柱组
a	100.90	88.50	70.81
b	105.21	71.56	67.26
R^2	0.93	0.94	0.99

3. 讨论

杂交鲟幼鱼的游泳能力与西伯利亚鲟和史氏鲟的游泳能力相似，U_{crit} 都比较小（Yuan et al.，2016；Cai et al.，2013），鱼类游泳能力大小与运动所需氧气量密切相关（张安杰 等，2014；Lee et al.，2003），游泳过程中杂交鲟幼鱼 M_{O_2} 较低，与其游泳能力表现出较高的同步性。

鱼类游泳过程中行为的改变会引起机体能量需求和消耗的变化，半圆柱干扰流场中鱼类运动频率，重心偏离幅度，游动形态等与均匀流场中具有显著性差异（Liao，2003）。自然界中鱼类洄游运动常常是在不稳定、复杂的流场中，复杂流态很容易导致鱼类在流场中迷失方向，池室内射流、旋涡作用较强不利于鱼类上溯（Silva et al.，2016；Newbold & Kemp，2015）。但是垂直圆柱后面的卡门流态降低了黑斑鱼（*Semotilus atromaculatus*）游泳过程中的能量损耗（Tritico & Cotel，2010）。本试验中双圆柱设置 $L/D=3$（$2.3<L/D<4.3$），圆柱下游一定范围内，尾流为耦合涡街，涡街频率相同、相位相反（陈波和李万平，2011）。而且双圆柱柱间流线密集，流速减小，对流场中鱼类的运动是有利的。实验中双圆柱条件下，杂交鲟幼鱼的 U_{crit} 显著高于单圆柱组和对照组（$P<0.05$）。流场中湍动能较大时，鱼类需要时间调整游动姿态，与流场形态相适应，导致鱼类运动能力的差异性较大。圆柱扰流中杂交鲟幼鱼游泳能力增加，可能是因为杂交鲟幼鱼利用了圆柱扰流流场，降低了游动过程中的能量消耗。M_{O_2}-U 关系中，速度系数 b 值在圆柱组较小，

杂交鲟在游泳运动过程中利用柱下游耦合涡街，降低了游泳过程中的能量损耗。与均匀流场中比较（0.5～2.0 bl/s），圆柱扰动流场中杂交鲟幼鱼游泳效率显著提高。单圆柱扰动使得杂交鲟幼鱼在游泳过程中节约了19%～34%的能量，随着湍动能的增加（1.96×10^{-4}～27.74×10^{-4} m^2/s^2），杂交鲟游泳过程中能量利用效率增加；双圆柱扰动实验中随着湍动能的增加（3.10×10^{-4}～46.92×10^{-4} m^2/s^2），杂交鲟幼鱼游泳过程中能量利用效率增加了32%～34%，高于单圆柱组，可能与装置内双圆柱产生的遮挡作用相关。鳙和草鱼幼鱼（体长10～15 cm）流场中偏好湍动能为0.020～0.035 m^2/s^2（谭均军 等，2017）。试验中，湍动能为1.960×10^{-4}～46.92×10^{-4} m^2/s^{2}时，杂交鲟幼鱼（体长8.4～10.6 cm）游泳效率比较高，上溯所需的能耗较少，相对于鲤科鱼类，鲟幼鱼适应的湍动能强度要低，与其生活环境相关。

4. 小结

与对照组比较，单、双圆柱扰动条件下，杂交鲟幼鱼U_{crit}比对照组分别增加了1.71%和40.41%。游泳过程中，耗氧率和速度呈线性关系，单、双圆柱扰动条件下，速度系数b值显著小于对照组，上溯运动中能量利用效率较高。圆柱设置形成的流场环境有利于提高杂交鲟幼鱼游泳能力和游泳效率。湍动能为1.960×10^{-4}～46.92×10^{-4} m^2/s^{2}时，杂交鲟幼鱼游泳效率较高，上溯所需的能耗减少。

3.2.4 消力坎扰流对四大家鱼游泳特性的影响及评价

1. 材料与方法

实验用青鱼[体重（17.73±2.47）g、体长（9.88±0.61）cm]、草鱼[体重（13.55±0.53）g、体长（9.87±0.38）cm]、鲢[（体重（12.44±2.56）g，体长（9.19±0.62）cm]和鳙[体重（17.92±1.44）g，体长（9.84±0.42）cm]幼鱼，购于宜昌某鱼类养殖场。测试鱼在实验室鱼缸（420 L）内暂养14 d，每天9：00饱足投喂饲料1次，2 h后清理鱼缸残留饲料，鱼缸内每日换水量为30%。暂养用水为曝气后的自来水，实验水温保持（15±1）℃，光照为自然光周期。实验前24 h停止喂饵料。

鱼类测试指标为临界游泳速度，所用装置为改装后的游泳能力测定装置（图3.20），装置游泳区域的底部距稳流器10 cm处放置一块长方体（长10 cm、宽1 cm、高2 cm），对照组游泳区域的底部未放置长方体。实验鱼转入测定装置后以小流速（约10 cm/s）适应2 h。然后流速增加至1 bl/s，之后每隔20 min增加一次流速，速度增量为1 bl/s，直到实验鱼被水流冲到游泳区后端拦网上停留20 s不能前行（即被认为疲劳），停止实验。U_{crit}的计算公式为$U_{crit}=U_p+(t_f/t_i)×U_t$（Brett，1964），其中$U_p$（bl/s）表示鱼所能游完的整个测试时间周期时的游泳速度，U_t（bl/s）表示速度梯度，t_f（min）表示鱼最后一次增速至鱼类疲劳时所经历的时间，t_i（min）表示时间梯度。通过视频对实验鱼游泳行为进行分析，统计不同进口速度下单位时间内实验鱼的冲刺、摆尾等指标。使用 Fluent 软件对特征流场进行数值模拟，模型设置为 k-ε 湍流模型，二阶迎风计算精度，壁面设置为无滑移边界，进口设置为速度进口，出口设置为压力出口。

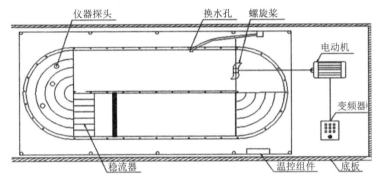

图 3.20　加装消力坎的鱼类游泳能力测定装置

实验数据在 SPSS20.0 中进行单因素方差分析（one-way ANOVA）检验差异显著性。统计数据表示为平均值±标准误（mean±SE），显著性水平设置为 $P<0.05$。

2. 实验结果

实验结果（图 3.21）显示，加装消力坎改造后的装置中的实验组（即特征流场组）的青鱼、草鱼、鲢和鳙幼鱼 U_{crit} 分别为（7.91±0.06）bl/s、（8.06±0.02）bl/s、（6.13±04）bl/s、（4.06±0.04）bl/s；对照组 U_{crit} 分别为（9.03±0.06）bl/s、（7.67±0.07）bl/s、

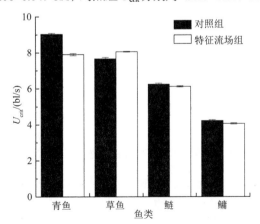

图 3.21　特征流场中四大家鱼的临界游泳速度（U_{crit}）

（6.25±0.06）bl/s、（4.23±0.04）bl/s。实验组的青鱼 U_{crit} 显著性降低，降低了 12.40%（$F=22.34$，$P=0.01$）；草鱼 U_{crit} 升高了 5.08%（$F=2.26$，$P=0.15$），差异性不显著；鲢和鳙幼鱼 U_{crit} 分别降低了 1.92%（$F=0.52$，$P=0.44$）和 4.02%（$F=0.91$，$P=0.36$），差异性不显著。

通过视频分析可得鱼类的摆尾频率和冲刺频率。随着游泳速度的增加，鱼类摆尾频率线性增加（$TBF=a+b×U$，a、b 为常数，b 为速度系数）（图 3.22 和表 3.7）。与对照组相比，特征流场组摆尾频率的系数 b 呈现出不同程度的降低；青鱼、草鱼、鲢和鳙幼鱼摆尾频率的系数 b 分别降低了 23.91%、59.70%、26.92% 和 34.25%。特征流场组鱼类的系数 b 不同程度降低，说明不同鱼类的摆尾频率对加装消力坎的特征流场的响应差异性不同。

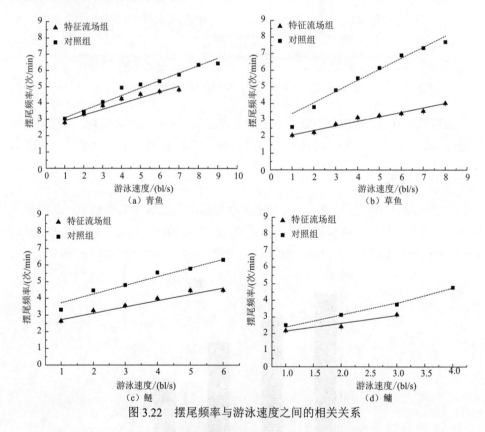

图 3.22　摆尾频率与游泳速度之间的相关关系

表 3.7　摆尾频率与游泳速度之间相关关系的拟合方程

鱼类	对照组	特征流场组
青鱼	TBF=2.65+0.46U（R^2=0.99）	TBF=2.57+0.35U（R^2=0.96）
草鱼	TBF=2.72+0.67U（R^2=0.96）	TBF=1.82+0.27U（R^2=0.99）
鲢	TBF=3.22+0.52U（R^2=0.94）	TBF=2.35+0.38U（R^2=0.97）
鳙	TBF=1.66+0.73U（R^2=0.99）	TBF=1.67+0.48U（R^2=0.92）

低游泳速度时实验鱼冲刺频率无显著变化，特征流场组与对照组无差异；然而高流速时，特征流场组与对照组实验鱼冲刺频率差异显著（图 3.23）。游泳速度为 6 bl/s 时，青鱼的冲刺频率提高，特征流场组冲刺频率显著低于对照组（$P=0.01$）；游泳速度为 5 bl/s 时，草鱼冲刺频率提高，特征流场组冲刺频率显著低于对照组（$P=0.02$）；游泳速度为 5 bl/s 时，鲢冲刺频率提高，特征流场组冲刺频率均值低于对照组，但无显著差异（$P=0.29$）。当温度为 15℃±1℃时，特征流场组实验中鲢幼鱼转换姿态速度为：5 bl/s，青鱼、草鱼、鳙的幼鱼未观察到转换姿态的现象；对照组实验中青鱼、草鱼、鲢和鳙的幼鱼的转换姿态速度分别为：6 bl/s、5 bl/s、5 bl/s、4 bl/s；特征流场组鲢幼鱼的转换姿态出现时的流速没有发生改变，青鱼、草鱼、鳙的幼鱼未观察到转换姿态。

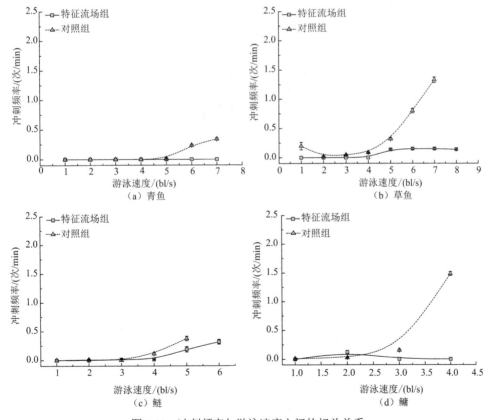

图 3.23　冲刺频率与游泳速度之间的相关关系

鱼类的游泳能力与水力特性密切相关，常用的水力学因子包括水流流速、紊动能、紊动耗散率和应变率等，本章选水流速度和紊动能作为指标，分析其对四大家鱼游泳行为的影响。选取具有代表性的距装置底面 1 cm（图 3.24）和距装置底面 3 cm 处（图 3.25）的水力分布。图 3.24 和图 3.25 为进口流速为 50 cm/s 时距底面 1 cm、3 cm 水深平面处的流速分布云图，图 3.26 纵坐标分别表示水流速度和紊动能，横坐标为相对位置。从图中可以得到，在消力坎后方 20 cm 范围距底面 1 cm 水深平面处形成了低流速区，流速分布在 0.01～0.29 m/s，消力坎后方距底面 3 cm 及以上水深平面处流速分布较为均匀，流速分布在 0.33～0.43 m/s。进口流速为 50 cm/s 时的紊动能分布如图 3.26（b）所示，图中纵坐标表示无量纲化紊动能，横坐标为相对位置。由图得出，进口流速为 50 cm/s 时，紊动能呈现先增大后减小的分布趋势，距底面 1 cm、3 cm 处紊动能分别在 0.00～0.02 m²/s² 和 0.00～0.03 m²/s²。

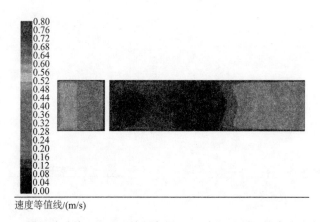

图 3.24　进口流速为 50 cm/s 时距底面 1 cm 水深平面处的流速分布云图

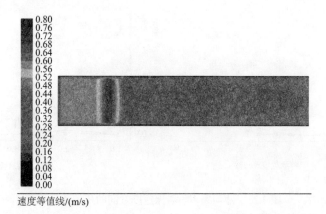

图 3.25　进口流速为 50 cm/s 时距底面 3 cm 水深平面处的流速分布云图

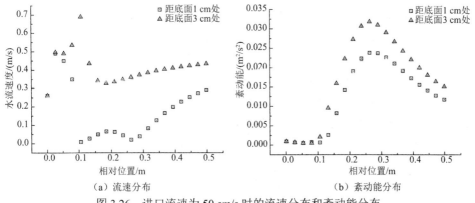

（a）流速分布　　　　　　　　　　（b）紊动能分布

图 3.26　进口流速为 50 cm/s 时的流速分布和紊动能分布

3. 讨论

鱼类在生存和运动过程中对水流环境有一定的选择性，水流速度和紊流分布的改变会导致鱼类行为发生变化。本实验开展了加装消力坎的特征流场中四大家鱼游泳能力、摆尾频率和冲刺频率等行为的研究。与对照组相比较，加装消力坎的特征流场中青鱼、草鱼、鲢、鳙幼鱼的游泳能力和摆尾频率及冲刺频率等都发生明显的变化。青鱼 U_{crit} 显著性降低可能是因为加装消力坎的特征流场中紊动能增大，在紊流中，水动力产生的扭矩可能导致鱼倾覆和失去平衡，鱼用胸鳍来恢复平衡，导致鱼类游泳的能量消耗增加从而造成所表现出来的游泳能力下降（Liao，2007；Lupandin，2005；Enders et al.，2003；Tritico & Cotel，2000；Krohn & Boisclair，1994；Boisclair & Tang，1993），例如，有研究表明墨西哥海鲥在紊流中游泳的能量消耗比稳定流中高 25.3%（Roche et al.，2014）。

对照实验中，实验鱼在游泳过程高流速下表现出：摆尾频率增高、加速-滑行行为增多、不稳定运动大幅增加等游泳行为，即姿态转换行为（Griffin et al.，2014），这是因为在鱼类游泳时会通过白色肌肉纤维快速收缩来实现较高的游泳速度，采用了爆发-滑行（即不稳定）运动姿态（Rome et al.，1990）。虽然滑行有利于节能，但相比于稳定式游泳，姿态转换后爆发-滑行的游泳方式总体上来说增大了鱼类的能量消耗，并且在不稳定游泳运动中，高速游动产生了厌氧代谢物，导致生理代谢不稳定，对连续运动不利（Peake & Farrel，2006）。特征流场组的紊流对不同鱼类的影响不同，特征流场组的鲢幼鱼转换姿态速度为 5 bl/s，青鱼、草鱼、鳙的幼鱼未观察到转换姿态；对照组的青鱼、草鱼、鲢和鳙的幼鱼转换姿态速度分别为：6 bl/s、5 bl/s、5 bl/s、4 bl/s；特征流场组鲢幼鱼的转换姿态出现时的流速没有发生改变，青鱼、草鱼、鳙的幼鱼未观察到转换姿态。与对照组相比，特征流场组摆尾频率的速度系数 b 有不同程度降低；青鱼、草鱼、鲢和鳙的幼鱼摆尾频率的速度系数 b 分别降低了

23.91%、59.70%、26.92%和 34.25%。特征流场组实验鱼速度系数 b 不同程度降低，运动过程中需要能量减少，可能是草鱼游泳能力提高的原因之一。

鱼类在游泳运动中偏好不同强度的紊流。研究结果表明，在穿越紊流流场时，西方黑鼻鲦（*Rhinichthys obtusus*）偏好相对稳定的紊流区域（Goettel et al.，2015）。虹鳟幼鱼在实验室水槽中偏好平均速度范围内紊流水平较低的位置，但当水流平均速度较高，虹鳟幼鱼则会占据紊流水平较高的位置（Smith et al.，2005）。鳙和草鱼的幼鱼上溯过程中偏好紊动能为 0.020～0.035 m^2/s^2（谭均军 等，2017）。对本研究中实验装置内部不同相对水深平面的数值模拟的结果表明，不同相对水深平面无量纲化流速分布差异较大，在消力坎后方 20 cm 范围距底面 1 cm 水深平面处形成了低流速区，消力坎后方距底面 3 cm 及以上水深平面处流速分布较为均匀，不同相对水深平面无量纲紊动能呈现先增大后减小的分布趋势。实验结果表明，低流速下，草鱼、鲢和鳙的幼鱼偏好消力坎后方 20 cm 范围距底面 1 cm 水深平面处，紊动能为 0.00～0.02 m^2/s^2，与谭均军等（2017）的实验研究结果类似。

4. 小结

与对照组比较，加装消力坎之后青鱼 U_{crit} 显著性降低了 12.40%（P=0.01）；草鱼 U_{crit} 升高了 5.08%（P=0.15），差异性不显著；鲢和鳙的幼鱼 U_{crit} 分别降低了 1.92%（P=0.44）和 4.02%（P=0.36），差异性不显著。与对照组相比，特征流场组摆尾频率的速度系数 b 不同程度降低；青鱼、草鱼、鲢和鳙的幼鱼摆尾频率的速度系数 b 分别降低了 23.91%、59.70%、26.92%和 34.25%。特征流场组实验鱼速度系数 b 不同程度降低，表明不同鱼类的摆尾频率对加装消力坎的特征流场的响应差异性不同。特征流场组鲢幼鱼的转换姿态出现时的流速没有发生改变，青鱼、草鱼、鳙的幼鱼未观察到转换姿态。数值模拟的结果表明，不同相对水深平面无量纲化流速分布差异较大，在消力坎后方 20 cm 范围距底面 1 cm 水深平面处形成了低流速区，消力坎后方距底面 3 cm 及以上水深平面处流速分布较为均匀。不同相对水深平面无量纲紊动能呈现先增大后减小的分布趋势。实验结果表明，低流速下，草鱼、鲢和鳙的幼鱼偏好消力坎后方 20 cm 范围距底面 1 cm 水深平面处，紊动能为 0.00～0.02 m^2/s^2。加装消力坎的特征流场中鱼类游泳能力和行为与对照组相比较具有显著差异。通过对加装消力坎的特征流场中四大家鱼的游泳能力及游泳行为研究，可以积累资料并探讨过鱼设施加装消力坎以提高鱼类通过能力的可能性。

3.2.5　水体底部糙化扰流对四大家鱼游泳特性的影响及评价

1. 材料与方法

实验用青鱼[体长（9.61±0.54）cm，体重（16.73±2.55）g]、草鱼[体长（10.01±

0.42）cm，体重（13.44±0.51）g]、鲢[体长（9.13±0.72）cm，体重（13.7±3.62）g]
和鳙[体长（9.87±0.48）cm，体重（17.73±1.59）g]幼鱼，购于宜昌市某鱼类养殖
场。测试鱼在实验室鱼缸（420 L）中暂养 14 d，每天 9：00 饱足投喂饲料 1 次，
2 h 后清理鱼缸内残留饲料，换水量为 30%。暂养用水为曝气后的自来水，实验
期间水温为（15±1）℃，光照为自然光周期，实验前 48 h 停止喂食。

实验所用仪器为 2.2.2 小节中的图 2.5 循环式游泳呼吸仪，在装置鱼类游泳区域
使用正方体（长宽高均为 1 cm）按 1 cm 的间隔距离布置，对照组游泳区域底部未布
置正方体。实验鱼转入测定装置后以小流速（约 10 cm/s）适应 2 h。然后流速增加至
1 bl/s，之后每隔 20 min 增加一次流速，速度增量为 1 bl/s，直到实验鱼被水流冲到游
泳区后端拦网上停留 20 s 不能前行（即被认为疲劳），停止实验。U_{cirt} 的计算公式为
$U_{crit}=U_p+\ (t_f/t_i)\times U_t$（Brett，1964），其中 U_p（bl/s）表示鱼所能游完的整个测试时
间周期时的游泳速度，U_t（bl/s）表示速度梯度，t_f（min）表示鱼最后一次增速至鱼
类疲劳时所经历的时间，t_i（min）表示时间梯度。通过视频对实验鱼游泳行为进行
分析，统计不同进口速度下单位时间内实验鱼的冲刺、摆尾等指标。使用 Fluent 软
件对底部加糙后的流场进行数值模拟，模型设置为 k-ε 湍流模型，二阶迎风计算精
度，壁面设置为无滑移边界，进口设置为速度进口，出口设置为压力出口。

实验数据在 SPSS20.0 中进行单因素方差分析（one-way ANOVA）检验差异
显著性。统计数据表示为平均值±标准误（mean±SE），显著性水平为 $P<0.05$。

2. 实验结果

底部加糙组青鱼、草鱼、鲢和鳙幼鱼 U_{crit} 分别为（7.06±0.46）bl/s、（7.40±
0.79）bl/s、（5.50±0.50）bl/s、（3.76±0.23）bl/s；对照组 U_{crit} 分别为（9.03±0.45）bl/s、
（7.67±0.72）bl/s、（6.25±0.44）bl/s、（4.23±0.39）bl/s（图 3.27）。游泳区域底部加

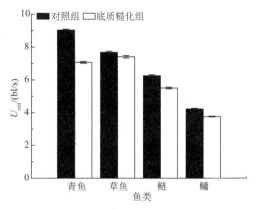

图 3.27 底部加糙对临界游泳速度（U_{crit}）的影响

糙之后青鱼、草鱼、鲢、鳙的幼鱼 U_{crit} 显著性都降低，分别降低了 21.8%（F=74.89，P=0.01）、3.5%（F=5.06，P=0.04）、12.0%（F=10.08，P=0.01）和 11.1%（F=10.47，P=0.01）。

通过视频分析获得实验鱼摆尾频率和冲刺频率数据。随着游泳速度的增加，实验鱼摆尾频率线性增加（TBF=a+b×U，a、b 为常数，b 为速度系数）（图 3.28 和表 3.8）。加糙组实验鱼速度系数 b，不同程度增加。不同鱼类的摆尾频率对底部加糙响应差异性不同。与对照组相比，底部加糙组摆尾频率的速度系数 b 不同程度增加；草鱼摆尾频率的速度系数 b 变化不显著；青鱼、鲢和鳙的幼鱼摆尾频率的速度系数 b 分别增加了 39.13%、21.15% 和 28.77%。

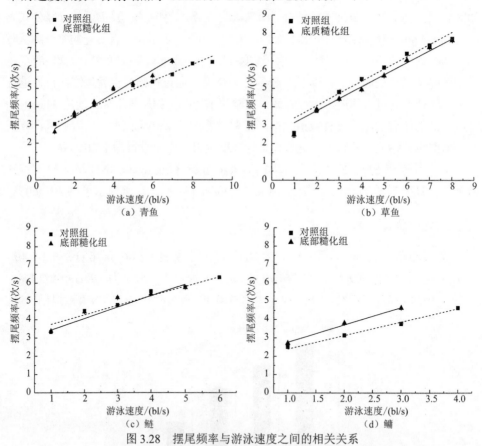

图 3.28　摆尾频率与游泳速度之间的相关关系

表 3.8　摆尾频率与游泳速度之间相关关系的拟合方程

鱼类	对照组	加糙组
青鱼	TBF=2.65+0.46U（R^2=0.99）	TBF=2.15+0.64U（R^2=0.97）
草鱼	TBF=2.72+0.67U（R^2=0.96）	TBF=2.47+0.66U（R^2=0.99）
鲢	TBF=3.22+0.52U（R^2=0.94）	TBF=2.81+0.63U（R^2=0.95）
鳙	TBF=1.66+0.73U（R^2=0.99）	TBF=1.82+0.94U（R^2=0.99）

较低速度时实验鱼冲刺频率无显著变化，底部加糙组与对照无差异；高流速时，实验鱼冲刺频率显著增加，不同鱼类之间差异性显著（图 3.29）。游泳速度为 6 bl/s 时，青鱼的冲刺频率大幅升高，底部加糙组冲刺频率显著高于对照组（$P=0.01$）；游泳速度为 5 bl/s 时，草鱼冲刺频率大幅升高；游泳速度为 5 bl/s 时，鲢冲刺频率大幅升高，底部加糙组冲刺频率均值高于对照组，不相关（$P=0.12$）；游泳速度为 3 bl/s 时鳙的冲刺频率大幅升高，底部加糙组鳙的冲刺频率显著高于对照组（$P=0.01$）。温度为（15±1）℃时，底部加糙组的青鱼、草鱼、鲢和鳙的幼鱼转换姿态速度分别为：6 bl/s、5 bl/s、5 bl/s 和 3 bl/s；对照组的青鱼、草鱼、鲢和鳙幼鱼转换姿态速度分别为：6 bl/s、5 bl/s、5 bl/s、4 bl/s；流场底部加糙后青鱼、草鱼、鲢幼鱼的转换姿态出现时的流速没有发生改变，鳙幼鱼转换姿态出现的流速由 4 bl/s 转变为 3 bl/s。

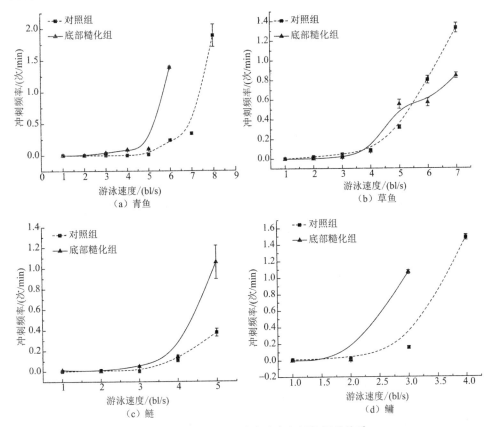

图 3.29　冲刺频率与游泳速度之间的相关关系

鱼类的游泳运动能力与水力特性密切相关，常用的水力因子包括水流流速、紊动能、紊动耗散率和应变率等，选取流速及紊动能为对象，分析其对四大家鱼游泳能力及游泳行为的影响，其中流速体现鱼类的趋流特性，紊动能描述紊流，对鱼类上行非常重要。选取具有代表性的距装置底面 2 cm 及距装置底面 3 cm 处位置的水力分布。进口流速为 50 cm/s 时的流速及紊动能分布如图 3.30 所示，图中纵坐标分别表示流速、紊动能，横坐标为相对位置。由图得出，流速沿程变化曲线分布趋势较为平缓，距底面 2 cm 处流速为 0.50～0.58 m/s，最大流速比进口流速增长了大约 16%，距底面 3 cm 处流速为 0.50～0.61 m/s，最大流速比进口流速增长了大约 22%。紊动能呈现持续增大的分布趋势，距底面 2 cm、3 cm 处紊动能分别为 0.000～0.005 m²/s² 和 0.000～0.001 m²/s²。

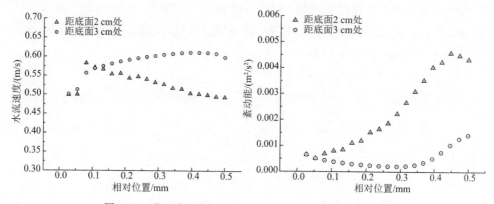

图 3.30　进口流速为 50 cm/s 时的流速分布和紊动能分布

3. 讨论

　　鱼类在生存和运动过程中对底质具有一定的偏好性，自然环境中底质不仅影响环境流场的特性，同时影响饵料生物的分布，并诱导鱼类运动行为发生变化。实验中开展了流场底部加糙对四大家鱼游泳能力、摆尾频率和冲刺频率等行为的影响研究。结果表明：运动区域底部加糙后青鱼、草鱼、鲢、鳙的幼鱼的游泳能力和摆尾频率及冲刺频率等都发生明显的变化，底部加糙后青鱼、草鱼、鲢、鳙的幼鱼 U_{crit} 显著性降低，游泳能力显著变小。可能是因为底部加糙后流场流速分布情况更复杂，紊动能增大。在紊流中，水动力力量产生的扭矩可能导致鱼倾覆和失去平衡，鱼用胸鳍来恢复平衡，这增加了它们空间平衡控制的能量消耗，降低了游泳的速度（Lupandin，2005）。底部加糙后鳙幼鱼游泳能力降低了 12%，可能与鳙幼鱼的运动方式有关，鳙幼鱼在低流速下使用滑行-前进运动方式，临近临界游泳速度时，爆发-滑行的游动模式频繁（刘慧杰 等，2017），流场底部加糙后底部的障碍物影响了鳙幼鱼使用滑行-前进运动方式，导致鳙幼鱼更多地使用爆发-滑行的游动模式，降低了能量利用效率，进而导致游泳能力降低。

　　游泳过程中四大家鱼在高流速下都表现出了摆尾加剧、加速-滑行行为频发，不稳定运动大幅增加，而这种不稳定运动与鱼类的姿态转换行为有关（Griffin et al.，2004），鱼类的姿态转换被认为主要是由生物力学而不是生理因素引起的。鱼类游泳运动时通过切换到白色肌肉纤维来实现更高的游泳速度，并采用了爆发-滑行（即不稳定）运动姿态（Rome et al.，1990）。姿态转换后爆发-滑行的游泳方式增大了鱼类的能量消耗，频繁发生的冲刺行为使得姿态转换后的游泳效率低于姿态转换前。并且在不稳定游泳运动中，高速游动产生了厌氧代谢物，导致代谢率不稳定，对持续性活动不利（Peake & Farrel，2006）。因此使用不稳定的姿态游泳其能量利用是非常低效的。流场底部糙化后四大家鱼姿态转换时的冲刺行为发生频率相对于对照组显著增加，表明紊动能的增大使得四大家鱼不连续运动的频率增加，对四大家鱼姿态转换等游泳行为产生了显著影响。流场底部加糙后姿态转换时鱼类冲刺频率增加，游泳效率降低，可能是鱼类游泳能力降低的原因之一（Peake & Farrell，2004）。特征流场的紊动能强度对不同鱼类的影响不同，流场底部加糙后青鱼、草鱼、鲢幼鱼的转换姿态出现时的流速没有发生改变，鳙幼鱼转换姿态出现的流速由 4 bl/s 降低为 3 bl/s，国外学者的结果表明，紊流会对鱼类的运动产生很大的影响，紊流增加了鱼对流速的敏感性，降低了鱼类的临界游泳速度和能稳定运动的最大速度（Pavlov et al.，2000）。

青鱼、草鱼、鲢、鳙幼鱼的摆尾频率对底部加糙响应差异性不同。底部加糙组与对照组相比，青鱼摆尾频率的速度系数 b 增加超过 30%；鲢、鳙摆尾频率的速度系数 b 增加超过 20%；草鱼摆尾频率的速度系数 b 无显著变化。流场底部加糙后相同速度下青鱼和鳙的摆尾频率显著增大，运动过程中需要能量增加，也可能是其游泳能力显著降低的原因。

鱼类游泳能力与流场紊流长度、尺度密切相关，紊流可能对鱼有益或不利，取决于每个速度分量的方向性和强度。在大尺度紊动流场中鱼类平衡能力下降，容易迷失方向和被其他食肉动物捕食，或者滞留在该水域而不通过。鳙和草鱼的幼鱼上溯过程中偏好紊动能为 0.020～0.035 m²/s²（谭均军 等，2017）。本章中实验装置内部不同相对水深平面无量纲紊动能呈现持续增大的分布趋势，紊动能相对较小，以进口流速为 50 cm/s 时为例，距底面 2 cm 处紊动能为 0.000～0.005 m²/s²，距底面 3 cm 处流速为 0.000～0.001 m²/s²。低紊流强度流场鱼类为身体平衡稳定，不断地调整行为，可能会使得运动中能量消耗增加，导致游泳能力降低。因此实验中青鱼、草鱼、鲢和鳙幼鱼游泳能力都显著的降低。

本实验利用改装后的游泳能力测定装置，综合考虑鱼的游泳能力及游泳行为对流速及紊流强度的响应，为其行为学及运动规律等生理生态行为的研究提供基础资料。但是在流场设计中形成的流场紊动能较低，而且鱼类在装置中由于边壁效应或者空间限制，鱼类在低紊动流场中寻找适宜特征流场行为可能增加，测定的鱼类的游泳能力也可能偏低。

4. 小结

与对照组比较,底部加糙组四大家鱼临界游泳速度(U_{crit})显著性降低,青鱼、草鱼、鲢和鳙幼鱼 U_{crit} 比对照组分别降低了 21.8%($P=0.01$)、3.5%($P=0.04$)、12%($P=0.01$)和 11.1%($P=0.01$)。与对照组比较,青鱼、草鱼和鲢幼鱼底部加糙组摆尾频率变化不显著;而鳙幼鱼底部加糙组摆尾频率显著性增加。低游泳速度时,底部加糙组与对照组冲刺频率无显著差异,高游泳速度时,差异性显著,不同鱼类具有差异性;草鱼的冲刺频率在游泳速度大于 5 bl/s 时显著升高,接近临界游泳速度,底部加糙组冲刺频率显著低于对照组;鳙的冲刺频率在游泳速度大于 3 bl/s 时显著升高,且底部加糙组冲刺频率显著高于对照组($P<0.05$);青鱼、鲢幼鱼的冲刺频率变化趋势相似,分别在游泳速度为 6 bl/s 和 5 bl/s 时显著性的增加。加糙后底部流场的数值模拟分析表明,不同相对水深平面无量纲化流速沿程变化曲线分布趋势较为平缓,不同相对水深平面无量纲紊动能呈现持续增大的分布趋势。通过研究装置底部加糙对四大家鱼的游泳行为的影响,为过鱼设施等工程应用提供参考。

3.3 光照影响及评价

3.3.1 概述

光作为自然界重要的环境因子,在鱼类的生命活动中起着十分关键的作用(Kapoor,1971;Bobby et al.,1959),它不仅能影响鱼类的摄食、生长和繁殖,还对鱼类的集群及昼夜活动行为等产生很大影响(Franke et al.,2013;Mcconnell et al.,2010)。趋光的鱼类会因对光的适应、疲劳及环境的变化等而离开光源游走(俞文钊,1981)。光照较强会影响鱼类的摄食、生长等(Cuvier-Péres et al.,2001);光线较弱也会降低鱼类对饵料摄食,从而影响其生长(Browman et al.,2006)。视觉反应能够对洄游习性鱼的行为产生促进作用,适宜光环境能够促使游泳速度增加(Goodwin et al.,2006),鲑(*Pacific salmonids*)在洄游迁移穿越坝堰时,有光比遮光条件下通过的成功率更大(Kemp & Williams,2009)。水流屏障或者大坝等建筑具有遮光效应,对洄游鱼类的视觉有阻碍作用,利用光照诱导鱼类通过水流屏障应用具有重要的生态意义。通过研究光对鱼类行为的影响,寻找或创造适于鱼类生存、生长光环境,对生产实践进行指导。

3.3.2 光照对鳙幼鱼游泳特性的影响及评价

1. 材料与方法

鳙幼鱼[体长（11.78±0.14）cm；体重（26.58±0.86）g]来自宜昌市宜都渔场，利用氧气袋运输到实验室。实验鱼在 250 L（110 cm×45 cm×50 cm）玻璃水缸中采用曝气后的自来水暂养，自然光照（12 h 光照/12 h 无光照），驯养两周。驯养期间 35W 水泵在水箱中曝气，溶解氧保持在 6.0 mg/L 以上，自然温度（28.0±1.0）℃。实验鱼每天喂约 3%体重饲料，并清理水箱，更换 20%体积水。为了研究不同颜色 LED 灯对鱼类游泳行为和耗氧代谢的影响，将驯化的鱼分别放入不同的水箱中，实验鱼随机分成 3 组，每个水槽放养实验鱼 10 尾。水箱中设置不同颜色光的 LED（红、黄、绿、蓝）灯，平行组设置相同颜色的 LED 灯，对照组自然光，光照周期 12 h 光照/12 h 无光照，驯化 96 h，实验期间温度 26～27℃，光照期间不喂食。平行实验水槽，随机选择 8 尾鱼，每次单尾鱼测试。游泳装置上方放置相同颜色的 LED 灯管。光照参数见表 3.9。

表 3.9 实验 LED 灯特性（对照组：自然光）

参数	对照组	红光	黄光	绿光	蓝光
波长/nm	—	630～780	570～600	500～570	420～470
光强/lx	50	72	47	55	100
功率/W	8	8	8	8	8

临界游泳速度测定方法：实验所用仪器为 2.2.2 小节中的图 2.5 循环式游泳呼吸仪，采用递增流速法测定鱼类的临界游泳速度。实验鱼在小流速下适应 2 h。然后每间隔 30 min 调节一次流速，流速增量为 1 bl/s，直至鱼疲劳。U_{cirt} 的计算公式为 $U_{crit}=U_p+（t_f/t_i）\times U_t$（Brett，1964），其中 U_p（bl/s）表示鱼所能游完的整个测试时间周期时的游泳速度，U_t（bl/s）表示速度梯度，t_f（min）表示鱼最后一次增速至鱼类疲劳时所经历的时间，t_i（min）表示时间梯度。在测试过程中同步测试水体中溶氧率，并通过推算即可得到耗氧率 M_{O_2}、日常耗氧率 $M_{O_2\,routine}$、最大耗氧率 $M_{O_2\,max}$、鱼类耗氧代谢范围 AS。

2. 实验结果

实验中分别试验了红、黄、绿、蓝 4 种颜色 LED 灯短时间光照对鳙幼鱼临界游泳速度的影响，详见图 3.31。不同光色对鱼类的临界游泳速度有显著的影响（$P<0.05$）。对照组临界游泳速度为（6.76±0.16）bl/s，不同颜色 LED 灯下的临界游泳速度分别是：红，（5.93±0.37）bl/s；黄，（5.10±0.15）bl/s；绿，（5.04±0.31）bl/s；蓝，（6.55±0.21）bl/s。分别较对照组下降了 12.28%、24.56%、25.44%和 3.10%。

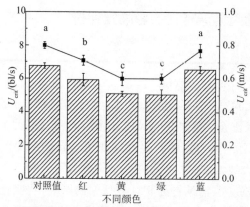

图 3.31　不同颜色 LED 光照条件下鳙幼鱼临界游泳速度（U_{crit}）

在测定鳙幼鱼临界游泳速度的过程中，同时测定了耗氧代谢率（M_{O_2}），M_{O_2} 随着 U 的增加而增加，M_{O_2} 平均值对 U（bl/s）作图（图 3.32），可利用幂函数方程拟合（表 3.10）。不同颜色 LED 灯光照下，M_{O_2}-U 关系变化趋势相同。但是对照组 M_{O_2}-U 关系为"∪"型，在红、黄、绿、蓝 4 种颜色 LED 灯光照后 M_{O_2}-U 关系为"∩"型。对照组幂函数方程的速度指数 c 值大于不同颜色 LED 光照后的 c 值。对照组与不同颜色 LED 光组 AS 与对照组比较，变化规律不明显（表 3.11）。

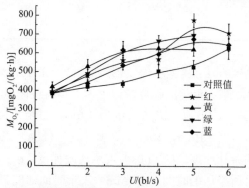

图 3.32　不同颜色 LED 光照条件下鳙幼鱼耗氧率（M_{O_2}）与游泳速度（U）的相关关系

表 3.10　不同颜色 LED 光照下 $M_{O_2}=a+b×U^c$ 系数 a、b 和 c

系数	对照组	红光	黄光	绿光	蓝光
a	420.75	325.52	300.98	315.50	320.30
b	53.80	74.18	155.47	99.50	128.25
c	1.11	0.99	0.51	0.84	0.69

表 3.11　不同颜色 LED 光照下鳙幼鱼下 $M_{O_2\,routine}$、$M_{O_2\,max}$ 和 AS

参数	对照组	红光	黄光	绿光	蓝光
$M_{O_2\,routine}$	385.08	394.96	420.73	385.97	386.62
$M_{O_2\,max}$	628.08	708.43	621.72	697.15	646.93
AS	242.98	313.47	200.99	311.18	260.32

3. 讨论

水生动物对光的反应与视力相关，鱼类光接收器对不同波长的光感应灵敏度不同，并导致鱼类运动行为的变化（Boeuf & Bail，1999）。而且，由于水对光的吸收作用，不同水层生活鱼类对光照的敏感程度不同，表现出对环境良好的适应性（张辉，2009）。生活在中、下层的大黄鱼（*Pseudosciaena crocea*）对蓝、绿色光正趋性显著（方金 等，2007）。此外，鱼的趋光性与其生活习性相关，孔雀鱼生性胆小，在深色的环境中可能有利于其摄食及逃避捕食者，因而在长期的适应进化过程中，孔雀鱼偏好蓝、绿光（罗清平 等，2007）。研究鲤对不同颜色及不同照度光的趋向性结果表明，不同颜色的光对其诱集效果不同，4 种颜色的光在各照度下对鲤的最大平均趋集率分别为白光 61.0%、红光 45.0%、蓝光 42.0%、绿光 27.1%，红、蓝光较绿色光诱集效果好（许传才 等，2008）。周仕杰 等（1991，1990）通过研究鲤幼鱼对运动彩色条纹的视觉运动反应行为指出，在不同颜色、相同亮度条件下，鱼类环绕运动速度不同，红色＞蓝色＞黑色＞绿色＞黄色；而在相同颜色条件下，随着颜色亮度的增加，鱼类的环绕运动速度增加。本节以鳙幼鱼为研究对象，测定了不同颜色 LED 光照 96 h 后其 U_{crit}：对照组＞蓝＞红＞绿＞黄，与研究报道相类似。不同颜色光照，导致鳙幼鱼游泳能力不同程度地被抑制，特别是绿光和黄光，分别较对照组下降了 24.56%、25.44%。

与对照组比较，不同颜色 LED 光照组鳙幼鱼 $M_{O_2\,routine}$ 的差异不显著，且无明显规律，可能是因为 LED 灯组光强比较低（＜100 lx），不同颜色 LED 光照后对日常代谢的影响较小。与对照组比较，不同颜色 LED 光照后 $M_{O_2\,max}$ 有不同程度的增加，黄色光照条件下较小，与其较小的游泳能力相对应。因此，除了黄色 LED 光照，红、绿和蓝组 AS 都比对照组大。不同光色条件下的耗氧率与临界游泳速度之间相关性不显著。M_{O_2}-U 幂函数方程中的游泳速度指数 c 值越大，鱼类游泳过程中能量利用效率越低，其中对照组＞红＞绿＞蓝＞黄，但是幂函数方程中 b 值，对照组＜红＜绿＜蓝＜黄，而且相差较大。可能是光刺激增加了鱼类的特殊代谢能量需求或者是产生了应激反应，导致鳙幼鱼的耗氧代谢增加，能量利用效率降低。

4. 小结

不同光色短时间内刺激鳙幼鱼运动和能量利用产生影响，导致鳙幼鱼 U_{crit} 的降低，特别是黄色光作用；不同色光短时间刺激导致耗氧代谢率升高，耗氧利用效率降低。视觉作用对鱼类洄游具有重要作用，而水流屏障或者大坝等建筑具有遮光效应,对洄游鱼类的视觉有阻碍作用,利用光照诱导,如蓝色 LED 灯诱导鳙幼鱼有氧代谢供能提高,疲劳后恢复起促进作用,在通过水流屏障中具有重要的生态意义。

3.4 可溶性污染物影响及评价

3.4.1 概述

越来越多的污染物进入水体,对水生生态系统造成了严重的危害。尽管自然环境中污染物质浓度很低,幼鱼吸收化学物质后积累在组织体内,由于其代谢作用小于积累作用,化学物质在组织器官中积累(Yi et al.,2014)。重金属污染具有隐蔽性、长期性和不可逆的特点,可以通过直接接触、食物链传递等途径直接或间接危害人类健康(Li et al.,2014;Cardwell et al.,2013)。一些重金属如 Cu、Fe、Zn、Mg 等是生命活动不可缺少的微量元素,鱼体吸收重金属后不能完全通过生物代谢作用排出体外,造成重金属在鱼体中的累积,当这些重金属在生物体内的浓度超过一定阈值就会对生物体产生毒害作用。而且可以通过食物链对人类健康产生威胁。

与历史资料比较发现,长江口鱼虾的重金属污染存在加重趋势,中华鲟幼鱼处于食物链较高营养级,主要以底栖小型鱼虾为食,Cu、Cd 和 Hg 等重金属累积已对洄游入海的中华鲟幼鱼构成威胁(张慧婷 等,2011)。重金属在各种鱼体的组织中及鱼体的不同器官组织中的分布都是不均衡的,与鱼类对重金属的获得方式相关。鱼类通过三种途径获得重金属:通过体表接触、从摄食经口腔和消化道主动吸收和经鳃过滤水体被动吸收(丁为群 等,2012)。由于不同鱼类的摄食行为、栖息地环境及代谢活性不同,重金属在鱼类不同组织内的累积含量差异明显,并且对鱼类的毒性作用不同。

重金属离子进入鱼体组织后,对组织或器官亲和性不同,或者与一些内源性物质(如蛋白质或多肽)结合性存在差异,导致生物蓄积部位不同。Cd、Zn 在鲫肝脏中中度富集,Cr 在鲫鱼鳃和肝脏中轻度富集(Vinodhini & Narayanan,2008),Pb 在生物体内主要以稳定的形式存在于骨骼中(Shore & Douben,1994)。静水生物测试法研究重金属急性毒性表明,不同重金属对相同鱼类,或者相同重金属对不同鱼类的毒性作用是不同的。如 Cu 对中华鲟幼鱼的 96 h LC50 为 0.0220 mg/L,安全质量浓度为 0.0022 mg/L(姚志峰 等,2010);对中华倒刺鲃(*Spinibarbus sinensis*)幼鱼的 96 h LC50 是 0.50 mg/L,安全质量浓度为 0.05 mg/L(张怡 等,2013);

对广东鲂（*Megalobrama terminalis*）的 96 h LC50 是 0.80 mg/L，安全质量浓度为 0.08 mg/L（曾艳艺 等，2014）。Cu、Zn 和 Cd 对广东文昌鱼（*Branchiostoma belcheri*）的 96 h LC50 分别为 0.65 mg/L、3.54 mg/L 和 3.19 mg/L（白秀娟 等，2013）。草鱼、鲫鱼、团头鲂、胭脂鱼和中华倒刺鲃水体 Pb 安全质量浓度分别为 0.37 mg/L、1.16 mg/L、0.33 mg/L、0.03 mg/L 和 0.30 mg/L。与 Pb 比较，中华倒刺鲃对 Cu 反应更灵敏。即使是同一种鱼，在不同生长阶段其对重金属的耐受性也是不同的，Cd 对小于 10 d 的鲤 96 h 半致死浓度为 2 μg/L，10～20 d 鱼龄为 5 μg/L，20 d 鱼龄为 5 μg/L（Witeska et al.，1995）。鱼类是水生生态系统中的主要动物，是水生食物链的关键载体，在水生生态系统中发挥着关键作用，常被用来作为评价水生生态系统健康状况的指示生物（Monteiro et al.，2010；Vutukuru et al.，2005）。鱼类体内的重金属含量在一定程度上可以很好地反映水环境的重金属污染状况，并用于对人体的健康风险评价，为流域水环境重金属监控预警、风险管理提供科学依据。

3.4.2 重金属对草鱼游泳特性的影响及评价

1. 材料与方法

实验用草鱼幼鱼来自于宜昌养殖场。实验前将鱼在鱼缸（320 L）之中驯化 2 周，每两天投喂饲料 1 次。驯养用水为曝气后的自来水，驯养期间充气使水体溶氧水平接近饱和，日换水量约为水体体积的 1/3，自然水温，自然光照。驯养结束后，选取健康幼鱼 60 尾，随机平均分配至各浓度梯度组。根据急性毒性试验结果，共设 4 个浓度梯度，暴露时间为 96 h，暴露期间不投饵。

鱼组织重金属含量测定：将草鱼幼鱼用丁香酚溶液（20 mg/L）麻醉后，解剖分离出鳃、肝脏、肌肉组织于–40℃保存。之后，称取肝脏、鳃和肌肉组织（以相同处理下 12 尾鱼为一个样本，分 3 组，对照组 6 尾鱼）（取湿重），放置于消解罐（50 mL）中消解，采用原子吸收分光光度计测定组织重金属含量。

临界游泳速度测定方法：实验所用仪器为 2.2.2 小节中的图 2.5 循环式游泳呼吸仪，采用递增流速法测定鱼类的临界游泳速度。实验鱼在小流速下适应 2 h，然后每间隔 30 min 调节一次流速，流速增量为 1 bl/s，直至鱼疲劳。U_{crit} 的计算公式为 $U_{crit}=U_p+(t_f/t_i)\times U_t$（Brett，1964），其中 U_p（bl/s）表示鱼所能游完的整个测试时间周期时的游泳速度，U_t（bl/s）表示速度梯度，t_f（min）表示鱼最后一次增速至鱼类疲劳时所经历的时间，t_i（min）表示时间梯度。在测试过程中同步测试水体中溶氧率，并通过推算即可得到耗氧率 M_{O_2}。

2. 实验结果

实验过程中随着水体 Cu^{2+}（15℃）、Pb^{2+}（20℃）浓度的增加，Pb^{2+}在草鱼幼鱼鳃（$F=12.109$；$P=0.002$）、肝脏（$F=1201.188$；$P<0.01$）和肌肉（$F=11.654$；$P=0.003$）组织中累积显著；Cu^{2+}在鳃（$F=2.042$；$P=0.164$）、肝脏（$F=1.989$；$P=0.172$）和肌肉（$F=1.993$；$P=0.172$）组织中累积不显著。重金属在鳃和肝脏中的累积量显著高于在肌肉中的累积量（$P<0.05$），随着重金属浓度增加，各组织重金属累积量继续增加，但不显著（$P>0.05$），而且累积系数迅速减小。Cu^{2+}在各组织中的生物富集效应显著高于 Pb^{2+}。急性 Cu^{2+}、Pb^{2+}暴露使得重金属在草鱼幼鱼组织中的积累如表 3.12 所示。

表 3.12　草鱼幼鱼的鳃、肝脏、肌肉组织铅含量及生物浓缩系数

浓度 /(mg/L)		鳃		肝脏		肌肉	
		重金属含量 /(mg/kg)	生物浓缩系数	重金属含量 /(mg/kg)	生物浓缩系数	重金属含量 /(mg/kg)	生物浓缩系数
Pb^{2+}	0.00	3.76±0.42[a]	—	2.50±0.39[a]	—	1.23±0.61[a]	—
	0.75	12.30±0.90[b]	16.40	9.92±1.04[b]	13.22	3.98±0.79[b]	5.31
	2.24	14.70±1.26[bc]	6.56	16.60±1.72[c]	7.41	4.20±1.53[b]	1.88
	3.73	18.23±1.27[c]	4.89	16.68±0.91[c]	4.47	4.33±0.43[b]	1.16
Cu^{2+}	0.000	2.65±0.42	—	3.26±0.40	—	3.64±0.61	—
	0.025	3.84±0.90	153.50	4.04±1.04	161.46	3.04±0.79	121.83
	0.050	3.55±1.26	71.07	4.93±1.72	98.59	4.09±1.53	81.82
	0.100	4.53±0.44	45.27	5.42±0.76	54.15	5.36±1.40	53.63

注：a，b，c 表示该数据与对照数据差异显著（$P<0.05$）

重金属暴露对草鱼幼鱼临界游泳速度的影响显著（Cu^{2+}，$F=36.21$，$P<0.001$；Pb^{2+}，$F=5.755$，$P=0.004$，图 3.33、表 3.13）。随着暴露重金属浓度的增加，草鱼幼鱼相对 U_{crit} 显著性降低（$P<0.05$）。0.10 mg/L Cu^{2+}暴露组草鱼幼鱼 U_{crit} 为对照组的 61.90%；3.73 mg/L Pb^{2+}暴露组 U_{crit} 为对照组的 91.22%，显著性下降（$P<0.05$）。

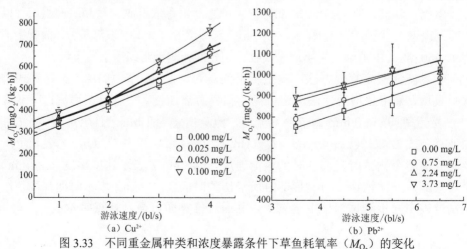

图 3.33　不同重金属种类和浓度暴露条件下草鱼耗氧率（M_{O_2}）的变化

表 3.13　不同浓度重金属暴露条件下草鱼幼鱼临界游泳速度

参数	Pb^{2+}（20℃）浓度/(mg/L)				Cu^{2+}（15℃）浓度/(mg/L)			
	0.000	0.750	2.240	3.730	0.000	0.0250	0.050	0.100
体长/cm	8.50±0.13	8.55±0.05	8.75±0.08	8.83±0.26	8.52±0.39	9.36±0.52	8.63±0.42	9.13±0.37
体重/g	10.1±0.56	10.49±0.11	10.32±0.23	10.88±0.79	10.45±1.67	12.94±1.32	10.04±1.40	11.28±1.63
U_{crit}/(bl/s)	7.37±0.11	7.18±0.12	7.04±0.11	6.72±0.11	6.83±0.24	5.58±0.19	5.34±0.18	4.23±0.05
U_{crit}/(m/s)	0.63±0.01	0.61±0.006	0.62±0.01	0.59±0.03	0.58±0.09	0.52±0.10	0.46±0.08	0.39±0.02

随着游泳速度的增加草鱼耗氧代谢率呈增加趋势，不同浓度 Cu^{2+}、Pb^{2+}暴露在同等流速条件下，草鱼幼鱼耗氧代谢率呈增加趋势；有氧代谢范围受铜暴露的影响显著（$F=7.192$，$P=0.005$）。不同浓度重金属暴露，游泳速度与草鱼幼鱼代谢率可以用指数关系 $M_{O_2}=a+b\times U^c$ 表示，a、b、c 为相关参数（Pb^{2+}暴露组 $c=1$）。随着暴露铜浓度的增加，草鱼幼鱼在 1～4 bl/s 游泳速度内暴露组相对于空白组耗氧代谢率分别增加了 13.20%、19.77%、29.81%、37.48%。相同速度下，Pb^{2+}暴露对草鱼幼鱼耗氧代谢率有影响，差异性不显著（$F=1.01$，$P=0.41$），但是随着 Pb^{2+}暴露浓度增加，耗氧代谢范围迅速降低（表 3.14）。

表 3.14　不同浓度铅暴露组草鱼耗氧代谢率与速度的相关关系 $M_{O_2}=a+b\times U^c$

参数	Pb^{2+}（20℃）浓度/(mg/L)				Cu^{2+}（15℃）浓度/(mg/L)			
	0.000	0.750	2.240	3.730	0.000	0.025	0.050	0.100
a	476.59	540.03	642.48	692.80	216.89	293.12	281.52	336.14
b	77.56	74.99	66.58	58.36	111.00	64.67	78.32	58.80
c	1.00	1.00	1.00	1.00	0.90	1.24	1.20	1.45
R^2	0.86	0.92	0.79	0.99	0.99	0.98	0.99	0.97

3. 讨论

鳃是鱼类呼吸滤食的主要器官，直接暴露在重金属环境中，对重金属的累积会较多；相对其他器官组织，肌肉代谢较慢，而且没有直接暴露重金属，对重金属累积较少；而肝脏是金属硫蛋白质合成的主要场所，肝脏等组织中重金属积累明显，不同组织对重金属的累积量，肝脏＞鳃＞肌肉（周彦锋 等，2009a；周新文 等，2002）。Cu^{2+}暴露导致鳃和肝脏组织铜硫蛋白络合物（Cu-MT）的含量明显增加；硫蛋白络合物含量的增加可能加速了重金属在鱼体内的代谢进程，致使多余的铜与金属硫蛋白结合，进入血液循环，并排泄到体外（Ghedira et al.，2010），低浓度铜暴露鱼体内各组织重金属含量差异性不显著。Pb^{2+}是一种具有多亲和性的蓄积性重金属，容易在草鱼各组织器官中累积，在生物体中主要以稳定的形式存在于骨骼中，很难被排出体外，且随暴露水体中 Pb^{2+}浓度越大，各组织对 Pb^{2+}的累积量越大，Pb^{2+}溶液暴露 96 h 之后，各组织铅含量内脏＞鳃＞肌肉（Komarnicki，2000）。

重金属对水生动物具有代谢胁迫作用，而机体则可通过调整其自身的代谢水平适应重金属的毒性胁迫，以满足机体内解毒、抗氧化等生理过程对能量的额外需求。Hg^{2+}（0.08～0.32 mg/L）暴露导致斑马鱼呼吸频率和呼吸强度都显著升高；Cu^{2+}（0.08～0.32 mg/L）、Cd^{2+}（2.40～9.60 mg/L）暴露对斑马鱼呼吸频率和呼吸强度先升高再降低；Zn^{2+}（7.5～45 mg/L）暴露对斑马鱼呼吸运动具有显著抑制作用；而 Pb^{2+}（35～140 mg/L）对斑马鱼呼吸强度影响不显著（汪红军 等，2010）；长颌姬鰕虎鱼（*Gillichthys mirabilis*）和呆鲦（*Pimephales promelas*）经过低浓度 Pb^{2+} 暴露，代谢水平显著升高（Mager & Grosell，2011；Somero et al.，1977）；南方鲇和胭脂鱼的个体代谢率随着 Pb^{2+}（0.20～0.40 mg/L）暴露浓度的升高而升高（闫玉莲 等，2014）。中高浓度的 Cu^{2+} 则使白细胞数目减少，从而抑制杂交鲟的免疫功能，鳅和鲫重金属毒性试验表现为低浓度暴露下酶活性增强，高浓度暴露酶活性降低（姚志峰 等，2010；孙淑红 等，2009）。Cu^{2+} 暴露浓度<0.02 mg/L 时，鲫鱼脑、肝、胰脏和鳃的 Na^+-K^+-ATPase 酶活性增加，Cu^{2+} 暴露浓度>0.02 mg/L 时，则对酶活性产生显著抑制作用（王晓春和胡晓磐，2007）。酶活性升高导致鱼类的代谢作用增加，耗氧率增加。而且低浓度 Pb^{2+} 暴露引起 6-磷酸葡萄糖脱氢酶的活性随暴露浓度的升高，乳酸脱氢醇（LDH）的活性降低（Osman et al.，2007），因此会促进葡萄糖的有氧代谢，抑制无氧代谢，进而引起草鱼耗氧代谢随着 Pb^{2+} 的升高而增加，与文献报道相似。

4. 小结

污染物能够通过影响鱼类的神经内分泌功能，对其代谢和能量调节产生影响，并通过鱼类的运动能力表现出来。低浓度 Cu^{2+}、Pb^{2+} 暴露对草鱼幼鱼的运动能力及代谢率产生胁迫作用。随着暴露浓度的增加，草鱼幼鱼耗氧率和耗氧范围增加，对低浓度重金属暴露表现一定的耐受性。草鱼幼鱼耗氧量的增加，导致能量代谢消耗过度，耗氧代谢效率降低，引起游泳能力下降。环境理化因素和重金属之间的相互作用对不同年龄鱼类运动和代谢行为的影响，在实际应用中具有重要的生产实践意义，有待深入研究。

3.4.3 重金属对鲢自主游泳行为的影响及评价

1. 材料与方法

实验用鲢来自于宜昌养殖场。体长（10.4±0.5）cm，体重（13.7±1.3）g。实验前，实验鱼在 430 L 鱼缸中暂养 2 周。每天按照鱼体重 5%的量投喂配合饲料。用空气泵向鱼缸内通气，光照为自然光周期，利用水温控制设备保证实验设备中维持在

（20±1）℃。实验前 48 h 停止喂食，以避免消化活动对实验鱼的呼吸作用产生影响。

利用视频数据采集系统对鱼类行为进行分析，该系统包括 1 个白色 LED 灯组成的光源、1 台摄像机和 1 台含图像采集卡电脑。LED 光源安装在水槽的正下方用来增加亮度和减少阴影，并确保实验鱼处于均匀光照背景下进行拍摄。摄像机安装在实验水槽的正上方，镜头正对下方水面，将摄像头调到能正常覆盖全部水槽即可。试验拍摄得到的视频图像分辨率为 720×480 像素，帧率为 15 帧/s。实验使用玻璃水槽的长×宽×高为 50 cm×40 cm×25 cm，实验时水位为 10cm。

正式实验前，根据水质对淡水鱼急性毒性测定方法（GB 12997-91）完成预实验，设置 5 个不同水体 Cu^{2+} 浓度暴露 96 h，选 50 尾鱼测定 96 h-LC_{50} 的值为 4.05 mg/L；根据预实验结果，设置 4 个不同浓度组（1.00 mg/L，2.00 mg/L，3.00 mg/L，4.00 mg/L）和 1 个 0 浓度对照组，将健康的 30 尾鱼随机放入 5 个梯度水槽中暴露 96 h，暴露期间不喂食，每日定时换水（日换水量为水体的 50%）并补充相应浓度的 $CuSO_4$ 溶液以保持水体铜浓度基本恒定，其他实验条件不变。之后逐一将实验鱼转移到视频监控装置中（浓度和之前暴露水槽一致），监控记录鱼 60 min 的行为变化，取最后 5min 的运动视频，观察鱼的呼吸频率，再用 MATLAB 软件将图像分割，用光流法分析出鱼体中心点的位置，最后利用坐标得到速度、加速度、运动路程等关系图；实验结束后，立即将鱼麻醉，解剖，取其肝脏、鳃、肌肉组织，利用原子吸收仪得到不同部位的重金属 Cu^{2+} 含量。如图 3.34 所示。

实验全程由高清摄像头记录，现场视频观测得到鱼5 min呼吸频率 V_f，呼吸频率计算公式为 $V_f=N/T$，N 表示记录时间段鱼呼吸的总次数，T 表示记录时长。

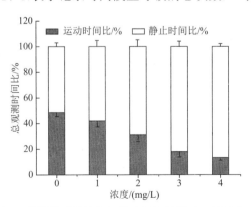

图 3.34 急性 Cu^{2+} 暴露对鲢幼鱼运动时间比的影响（靖锦杰 等，2018）

视频录制完毕后，将实验鱼用丁香酚溶液麻醉 5 min 后（丁香酚溶液/乙醇＝1/9，5 mL 混合液溶入 10 L 水中），取其肝、鳃、肌肉组织并于–40℃低温保存。将各组织样本（以相同处理方法的 6 尾鱼组织为一个样本）称量，取湿重，放置于消解罐（50 mL）中消解，采用原子吸收分光光度计测定组织 Cu^{2+} 含量。

实验数据以 Excel 2003 进行常规计算，实验数据在 SPSS20.0 中进行单因素方差分析（one-way ANOVA）和最小显著差数法（LSD）检验差异显著性。统计数据表示为平均值±标准误差（mean±SE），显著性水平为 $P=0.05$。

2. 实验结果

急性水体铜暴露对鲢幼鱼的运动时长影响显著（$F=74.39$，$P<0.001$）。随着水体 Cu^{2+} 浓度增加，运动时长逐渐减小，与对照组相比，在 2.00 mg/L 和 4.00 mg/L 时影响显著。分别比对照组减少了 37.90% 和 72.41%；由图 3.35 可知，呼吸频率在 1.00 mg/L 时略有升高但不显著，当浓度升至 2.00 mg/L 和 3.00 mg/L，呼吸频率显著下降（$P<0.05$），在 4.00 mg/L 时 Cu^{2+} 的影响极其显著（$P<0.001$），此时鲢呼吸压迫明显。

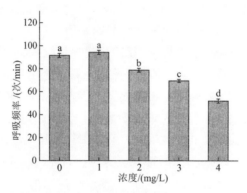

图 3.35　急性铜暴露对鲢幼鱼呼吸频率的影响（靖锦杰 等，2018）

急性铜暴露对鲢幼鱼 5 min 内的游泳速度和游泳加速度的影响如图 3.36 所示，此图是在每个浓度下随机选取一条鱼分析其运动坐标而生成的。结果表明随着浓度的增大，鲢幼鱼的平均速度逐渐减小，正常情况下平均速度为 44.86 mm/s，而在最大浓度 4 mg/L 时，其平均速度为 29.50 mm/s，利用最小显著差数法检验可知两者差异显著（组距 $15.36>LSD_{0.01}=4.146$）。加速度可以看作鱼突遇危险快速逃避的能力，由图 3.36 可知随着浓度增加，加速度逐渐减小，0 mg/L 时的正加速度为 66.98 mm/s^2，2 mg/L 时为 68.13 mm/s^2，但两者差异性不明显，而与 4 mg/L 时加速度为 45.18 mm/s^2 存在显著差异（$P<0.05$），且所有组的实验鱼在加速运动过程中的数值要大于减速运动的值。

由速度图形中提取的实验鱼运动 5 min 总距离可以被看作一个描述实验鱼运动行为的单一行为参数。这个总距离可以通过计算得到相邻两点的距离再将所有

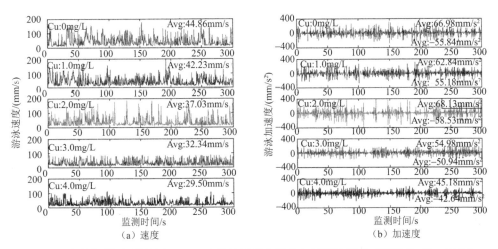

（a）速度 （b）加速度

图 3.36 急性铜暴露对鲢幼鱼 5 min 内游泳速度和游泳加速度的影响（靖锦杰 等，2018）

小段求和得到，通过统计学分析得到 5 min 内运动距离的均值和标准误。在 0 mg/L 和 1 mg/L 时并无显著差异，2 mg/L 和 3 mg/L 时差异性明显（$P<0.05$），而在 4 mg/L 时差异性更加显著（$P<0.001$），随浓度增大，实验鱼的总运动距离下降（图 3.37）。

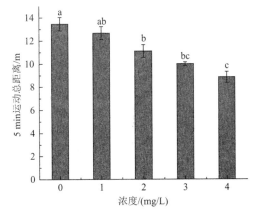

图 3.37 急性铜暴露对鲢幼鱼 5min 运动总距离的影响（靖锦杰 等，2018）

采用静水急性毒性试验法测定铜对鲢的毒性，统计铜污染暴露 24 h、48 h、96 h 后鲢幼鱼的死亡率，由直线内插法计算获得 LC50 分别为 8.03 mg/L、6.54 mg/L、4.05 mg/L，根据 96 h LC50×0.1 计算安全浓度为 0.4 mg/L，急性 Cu^{2+} 暴露对鲢幼鱼鳃（$F=1.69$；$P=0.498$）、肝脏（$F=2.37$；$P=0.095$）和肌肉（$F=1.73$；$P=0.298$）组织干重的铜含量均无显著影响，重金属含量大小顺序为肝脏＞鳃＞肌肉，图 3.38 表示各组织中含量分布图。

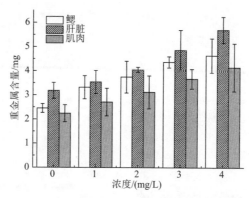

图 3.38　急性铜暴露后铜离子在鲢幼鱼鳃、内脏及肌肉中的含量（靖锦杰 等，2018）

3. 讨论

运动时长和呼吸频率可作为直观判断鲢幼鱼运动能力强弱的参数指标，本节研究发现，随着 Cu^{2+} 浓度升高，鲢幼鱼对应的运动时长和呼吸频率均减小。相关研究表明低温胁迫对南方鲇（*Silurus meridionalis*）和瓦氏黄颡鱼（*Pelteobaggrus vachelli*）呼吸频率影响明显（彭姜岚 等，2007），姜礼潘等（1979）也发现热污染对鱼类呼吸频率影响显著，随着温度的升高而逐渐变大。随着水体 Cu^{2+} 浓度的增大，杂交鲟的呼吸频率和摆尾频率逐渐减小（张华，2014）；黄溢明等（1987）在研究重水体铜离子对鲫鱼（*Carassius auratus*）和鲤鱼（*Cyprinus carpio*）呼吸机能影响时发现，鲤科鱼对重金属离子较为敏感，Cu^{2+} 易与鳃上皮分泌的黏液结合成一种不溶解性的金属蛋白质化合物，影响呼吸作用，浓度越大，影响越严重，结果与本节研究相似。

游泳速度是鱼类游泳能力最为直接的评价指标，主要包括巡航（续航）游泳速度、冲刺游泳速度、临界游泳速度等。目前，越来越多的学者倾向于使用临界游泳速度评价鱼类的游泳能力，但在整个鱼类生活史来看，鱼类的巡航速度是最常用的一个指标，并且鱼类对环境变化反应敏锐，因此研究鱼类自发游泳速度的变化可以作为检测水体污染严重程度的一个重要指标。Huang 等（2014）利用视频技术研究斑马鱼对不同溴氰菊酯浓度短暂暴露后行为响应关系时发现，在实验开始阶段，游泳速度先增加后降低。中华倒刺鲃幼鱼在急性铜暴露 96 h 后，其相对临界游泳速度、相对爆发游泳速度、最大代谢率受铜暴露影响显著，铜暴露导致以上各参数值下降（张怡 等，2013b）；草鱼幼鱼的相对临界游泳速度及耗氧率均暴露 96 h 后呈下降趋势（袁喜 等，2016），本节研究发现随着 Cu^{2+} 浓度增大，运动平均速度，加速度和运动总路程均被抑制，结果与上述研究相似。据文献报道，水体中的铜会影响鱼体内琥珀酸脱氢酶的活性，从而影响体内有氧代谢，使鱼类游泳速度，运动路程降低（Thirumavalavan，2010），这也可能是本研究中的鲢在铜溶液中暴露后游泳能力下降的原因。

高浓度的铜对于鱼类的行为反应、生理指标和组织结构等产生较大影响，可表现出较强的毒性，引起鱼类中毒甚至死亡（蔡文超和区又君，2009），但是由于不同区系生物受生活环境等因素的影响，对铜的耐受性和敏感度存在很大的差异（王振 等，2014），Gioda 等（2013）对脂鲤（*Leporinus obtusidens*）进行了长期铜暴露研究，发现铜暴露处理后脂鲤肝和肌肉中的铜含量与对照组无显著差异，张怡等（2013b）对中华倒刺鲃用急性铜暴露 96 h 后发现，鱼体肝脏、鳃和肌肉组织铜含量无显著变化的情况；袁喜 等（2016）在研究急性铜对草鱼的影响时也发现类似规律。本节研究中，水体铜暴露对鲢幼鱼肝脏含铜量的影响、对鳃的含铜量影响和对肌肉组织的含铜量影响均不显著，和上述结果相近，鳃直接暴露在重金属环境中，因而测得积累较大；肝脏是金属硫蛋白（Cu-MT）合成的主要场所，含量增加明显；而肌肉代谢较慢，而且没有直接暴露于重金属（周彦锋 等，2009b；周新文 等，2002a，200b）。因此，鱼类对重金属的累积量为肝脏＞鳃＞肌肉。Cu-MT 含量增加，加速了 Cu^{2+} 在鱼体内的代谢进程，多余的 Cu^{2+} 结合蛋白进入血液循环，并排泄到体外（Ghedira et al.，2010）。因此急性铜暴露后，各组织重金属累积量均无显著差异。重金属产生的环境胁迫产生的应激行为反应机理十分复杂，有待进一步研究。

4. 小结

重金属 Cu^{2+} 存在对鲢幼鱼的运动时间比和呼吸频率影响显著（$P<0.05$），随着 Cu^{2+} 浓度增大，鲢幼鱼运动时长下降，当 Cu^{2+} 浓度为 4 mg/L 时运动时长最小（$t=8$ min），比对照组减少了 72.41%；鲢幼鱼 5 min 内的平均运动速度、平均加速度和总运动路程随着 Cu^{2+} 浓度增大而逐渐减小，最小平均速度为 29.50 mm/s，最小平均正加速度大小为 45.18 mm/s^2，最小平均负加速度大小为 42.64 mm/s^2，加速的能力强于减速能力；鲢幼鱼各组织中铜含量的顺序为：肝脏＞鳃＞肌肉，但差异不显著。研究结果可为水质预警和快速评价水体的综合毒性提供基础数据和理论基础。

3.5 其他环境因素影响及评价

水利水电工程改变了上游河段、库区和下游河段的天然水文情势。温度、光照、可溶性污染物、水体含沙量、pH、溶解氧等都会对鱼类的生理生态行为产生影响。鱼类的游泳与有氧代谢、无氧代谢紧密相关，溶氧水平是影响鱼类游泳的关键因子。当研究者们在做研究且希望排除溶氧不足造成影响时，通常的做法是通过交换高溶氧水平的水体或者利用空气泵向水体充氧使实验水体的溶氧维持在一定程度（如 7 mg/L）之上，由此推测大多数研究者们默认 7 mg/L 对于大多数鱼类来说是一个比较可靠的溶氧水平安全值，将溶氧水平维持在该水平之上，大体上来说鱼类是有足够的外界溶氧可供获取。当溶氧水平较低时，鱼类的游泳能力及氧代谢均会下降（庞旭 等，2012；Davis et al.，1963）。低溶解氧水平会导致鱼类游泳能力降低，但是短时间内一定程度低溶解氧水平的驯化，对提高鱼类耐低氧能力有很大的作用（付世建 等，2010）。水库排沙导致微颗粒泥沙淤堵鱼鳃，影响鱼类的摄氧功能和水体溶解氧下降（白音包力皋和陈兴茹，2012），并导致鱼类游泳行为降低；河流高含沙量导致水利工程建筑如鱼道局部泥沙淤积，也会对鱼类洄游产生影响（郭坚和芮建良，2010）。有研究表明当水体中悬浮颗粒达到一定量时会使得鱼类死亡（Lake & Hinch，1999），Wilkens 等（2015）的研究显示在 0～500 mg/L 悬浮物颗浓度范围内虽然有少量大西洋鲟幼鱼（*Acipenser oxyrinchus*）死亡，但其存活幼鱼的游泳能力变化甚微。国内外关于悬浮颗粒对鱼类游泳能力影响的研究报道均非常少。但考虑到近年来我国河流建坝对悬浮颗粒浓度影响较大，因而该研究方向可以引起注意。Butler 等（1992）研究发现低 pH 水平会增加鱼类的呼吸代谢，但降低鱼类的游泳能力；卢健民等（2000）研究发现低 pH 水平会影响鱼的血糖浓度和鳃组织酶活力，因而可以推测水体 pH 水平的变化会影响鱼类运动时候的 ATP 供给，继而影响鱼类游泳能力。曾令清等（2007）研究发现昼夜节律对鱼类的代谢产生一定影响，但昼夜节律对游泳能力的影响研究鲜见报道。生物应对环境胁迫的生理反应首先在分子水平上，然后在生化水平上影响正常的代谢效率，进而表现为行为、生长和繁殖上的变化，最终表现出生态效应。由于环境因素的改变，鱼类游泳行为的以下方面需要进行深入探索，如鱼类在不同温度、流场、底质、光照等环境中的能量利用权衡，以及在洄游过程中能量利用效率；人工驯养过程中鱼类行为及代谢效率与野生物种的差异等。以便对鱼类游泳过程中生理生态行为对河流生境因子改变的适应性策略进行更深入理解，以及更好、更科学地用于工程实践中。

参 考 文 献

白秀娟, 卢伙胜, 冯波, 2013. 三种重金属离子对文昌鱼幼体的急性毒性[J]. 水生态学杂志, 34: 81-84.
白音包力皋, 陈兴茹, 2012. 水库排沙对下游河流鱼类影响研究进展[J]. 泥沙研究, 1: 74-80.
蔡文超, 区又君, 2009. 重金属离子铜对鱼类早期发育阶段的毒性[J]. 南方水产, 5: 75-79.

陈波, 李万平, 2011. 壁面对并列双圆柱尾迹影响的实验研究[J]. 水动力学研究与进展, 26: 342-350.

陈娟, 谢小军, 2002. 大鳍鳠成鱼静止代谢率的初步研究[J]. 西南师范大学学报(自然科学版), 27: 927-931.

陈波见, 曹振东, 付世建, 等, 2010. 温度对鳊鱼静止代谢和耐低氧能力的影响[J]. 动物学杂志, 45: 1-8.

丁为群, 刘迪秋, 葛锋, 等, 2012. 鱼类对重金属胁迫的分子反应机理[J]. 生物学杂志, 29: 84-87.

方金, 宋利明, 蔡厚才, 等, 2007. 网箱养殖大黄鱼对颜色和光强的行为反应[J]. 上海海洋大学学报, 16: 269-274.

付世建, 李秀明, 赵文文, 等, 2010. 不同溶氧水平下锦鲫的运动和代谢适应对策[J]. 重庆师范大学学报(自然科学版), 27: 14-18.

甘明阳, 袁喜, 黄应平, 等, 2015. 急性降温对青鱼幼鱼游泳能力的影响[J]. 三峡大学学报(自然科学版), 37: 35-39.

郭坚, 芮建良, 2010. 以洋塘水闸鱼道为例浅议我国鱼道的有关问题[J]. 水力发电, 36: 8-10.

黄溢明, 牟凌云, 马际春, 等, 1987. 重金属离子对鲫鱼和鲤鱼呼吸运动机能的影响[J]. 中山大学学报(自然科学版), 4: 1-6.

靖锦杰, 黄应平, 袁喜, 等, 2018. 基于MATLAB轨迹跟踪研究重金属对鲢幼鱼自发游泳行为的影响[J]. 水生生物学报, 42: 148-154.

蒋清, 黄应平, 袁喜, 等, 2016. 不同温度下重复疲劳运动对鲢幼鱼游泳能力及代谢率的影响[J]. 水生态学杂志, 37: 89-94.

冀德伟, 李明云, 王天柱, 等, 2009. 不同低温应激时间对大黄鱼血清生化指标的影响[J]. 水产科学, 28: 1-4

姜礼燔, 黄穆桂, 1979. 重金属对草鱼、鲢鱼胚胎发育的影响[J]. 环境科学, 1: 8-14.

刘慧杰, 王从锋, 刘德富, 等, 2017. 不同运动状态下鳙幼鱼的游泳特性研究[J]. 南方水产科学, 13: 85-92.

卢健民, 卢玲, 蔺玉华, 等, 2000. 低pH水平对鱼类生理生化效应的影响研究[J]. 水产学杂志, 13: 47-53.

罗清平, 袁重桂, 阮成旭, 等, 2007. 孔雀鱼幼苗在光场中的行为反应分析[J]. 福州大学学报, 35: 631-634.

庞旭, 袁兴中, 曹振东, 等, 2012. 中华倒刺鲃幼鱼游泳运动功率曲线模型分析[J]. 重庆师范大学学报(自然科学版), 29: 26-29.

彭姜岚, 曹振东, 付世建, 2007. 急性低温胁迫对南方鲇和瓦氏黄颡鱼耗氧率和呼吸频率的影响[J]. 安徽农业科学, 35: 73-78.

孙淑红, 焦传珍, 刘小林, 等, 2009. Cd(II)对泥鳅抗氧化酶活性和脂质过氧化的影响[J]. 大连海洋大学学报, 24: 52-56.

谭均军, 高柱, 戴会超, 等, 2017. 竖缝式鱼道水力特性与鱼类运动特性相关性分析[J]. 水利学报, 48: 924-932.

涂志英, 袁喜, 韩京成, 等, 2011. 鱼类游泳能力研究进展[J]. 长江流域资源与环境, 1: 59-65.

涂志英, 李丽萍, 袁喜, 等, 2016. 圆口铜鱼幼鱼可持续游泳能力及活动代谢研究[J]. 淡水渔业, 46: 33-38.

脱友才, 刘志国, 邓云, 等, 2014. 丰满水库水温的原型观测及分析[J]. 水科学进展, 25: 731-738.

汪红军, 李嗣新, 周连凤, 等, 2010. 5 种重金属暴露对斑马鱼呼吸运动的影响[J]. 农业环境科学学报, 29: 1675-1680.

王振, 金小伟, 王子健, 2014. 铜对水生生物的毒性: 类群特异性敏感度分析[J]. 生态毒理学报, 9: 640-646.

王凯旋, 全能, 高兴俊, 等, 2013. LED 单色光对观赏鱼生长的影响研究[J]. 中国科技信息, 10: 192-193.

王晓春, 胡晓磐, 2007. 水环境 Cu^{2+} 对鲫鱼组织 Na^+-K^+-ATPase 酶活力的影响[J]. 水生态学杂志, 27: 64-65.

谢小军, 孙儒泳, 1989. 影响鱼类代谢的主要生态因素的研究进展[J]. 西南师范大学学报 (自然科学版), 4: 141-149.

谢小军, 孙儒泳, 1991. 鱼类的特殊动力作用的研究进展[J]. 水生生物学报, 15: 82-90.

徐革锋, 尹家胜, 韩英, 等, 2014. 温度对细鳞鲑幼鱼最大代谢率和代谢范围的影响[J]. 水生态学杂志, 3: 56-60.

许传才, 伊善辉, 陈勇, 2008. 不同颜色的光对鲤的诱集效果[J]. 大连海洋大学学报, 23: 20-23.

闫玉莲, 邓冬富, 彭涛, 等, 2014. 水体中铅对南方鲇和胭脂鱼的生态毒理效应[J]. 淡水渔业, 44: 30-35.

杨阳, 曹振东, 付世建, 2013. 温度对鳊幼鱼临界游泳速度和代谢范围的影响[J]. 生态学杂志, 32: 1260-1264.

杨振才, 谢小军, 1995. 鲇鱼的静止代谢率及其与体重, 温度和性别的关系[J]. 水生生物学报, 19: 368-373.

姚志峰, 章龙珍, 庄平, 等, 2010. 铜对中华鲟幼鱼的急性毒性及对肝脏抗氧化酶活性的影响[J]. 中国水产科学, 17: 731-738.

俞文钊, 1981. 鱼类的趋光行为研究[J]. 心理科学, 2: 11-16.

袁喜, 2016. 鱼类游泳行为对环境胁迫的适应性 (耐受性) 策略研究[D]. 北京: 中国科学院大学.

袁喜, 李丽萍, 涂志英, 等, 2014. 温度对鲢幼鱼疲劳引起的生理变化和游泳能力的影响研究[J]. 水生生物学报, 3: 505-509.

袁喜, 黄应平, 靖锦杰, 等, 2016. 铜暴露对草鱼幼鱼代谢行为的影响[J]. 农业环境科学学报, 35: 261-265.

曾令清, 付世建, 曹振东, 2007. 南方鲇幼鱼标准代谢的昼夜规律[J]. 水产科学, 26: 539-541.

曾艳艺, 赖子尼, 杨婉玲, 等. 2014. 铜和镉对珠江天然仔鱼和幼鱼的毒性效应及其潜在生态风险[J]. 生态毒理学报, 9: 49-55.

张华, 2014. 四种重金属离子对杂交鲟行为及生理指标的影响[D]. 保定: 河北农业大学.

张辉, 2009. 中华鲟自然繁殖的非生物环境[D]. 武汉: 华中农业大学.

张怡, 夏继刚, 曹振东, 等, 2013a. 急性铜暴露对中华倒刺鲃幼鱼游泳能力的影响[J]. 生态学杂志, 32: 2451-2456.

张怡, 夏继刚, 曹振东, 等, 2013b. 铜对中华倒刺鲃幼鱼的急性致毒效应[J]. 重庆师范大学学报 (自然科学版), 30: 15-20.

张安杰, 曹振东, 付世建, 2014. 生境不完全重叠的两种鲤科鱼类耐低氧及运动能力比较[J]. 生态学报, 34: 5860-5867.

张慧婷, 庄平, 章龙珍, 等, 2011. 长江口中华鲟幼鱼主要饵料生物体内重金属 Cu、Cd 和 Hg 的积累与评价[J]. 海洋渔业, 33: 159-164.

周仕杰, 何大仁, 1990. 鲤鱼幼鱼在色光场中的视觉运动反应[J]. 厦门大学学报(自然科学版), 5: 570-574.

周仕杰, 何大仁, 刘晓春, 1991. 鲤鱼幼鱼对表色条纹屏幕的视觉运动反应[J]. 厦门大学学报(自然科学版), 1: 73-77.

周新文, 朱国念, Jilisa M, 等, 2002a. 重金属离子 Cu Zn Cd 的相互作用对 Pb 在鲫鱼组织中积累的影响[J]. 农业环境科学学报, 2002, 21: 23-25.

周新文, 朱国念, 孙锦荷, 2002b. 重金属离子相互作用对 Cu 在鲫鱼组织中积累的影响[J]. 浙江大学学报(农业与生命科学版), 28: 427-430.

周彦锋, 吴伟, 胡庚东, 等, 2009a. 不同水温下重金属镉诱导金属硫蛋白在鲫鱼组织中的表达[J]. 农业环境科学学报, 28: 2395-2400.

周彦锋, 尤洋, 吴伟, 等, 2009b. 重金属锌胁迫下鲫鱼不同组织中金属硫蛋白的动态变化[J]. 江苏农业学报, 25: 18-21.

BOBBY D C, ROGER E B, RICHARD G B, 1959. The effect of controlled kight on the maturation of adult blueback salmon[J]. The Progressive Fish-Culturist, 21: 63-69.

BOEUF G, BAIL P Y L, 1999. Does light have an influence on fish growth[J]. Aquaculture, 177: 129-152.

BOISCLAIR D, TANG M, 1993. Empirical analysis of the influence of swimming pattern on the net energetic cost of swimming infishes[J]. Journal of Fish Biology, 42: 169-183.

BOOTH D J, POULOS D E, POOLE J, et al., 2014. Growth and temperature relationships for juvenile fish species in seagrass beds: Implications of climate change[J]. Journal of fish biology, 84: 231-236.

BRANNON E L, 2006. Use of the average and fluctuating velocity components for estimation of volitional rainbow trout density[J]. Transactions of the American Fisheries Society, 135: 431-441.

BRETT, 1964. The respiratory metabolism and swimming performance of young sockeye salmon[J]. Journal of the Fisheries Research Board of Canada, 21: 1183-1126.

BROWMAN H I, SKIFTESVIK A B, KUHN P, 2006. The relationship between ultraviolet and polarized light and growth rate in the early larval stages of turbot (*Scophtalmus maximus*), Atlantic cod (*Gadus morhua*) and Atlantic herring (*Clupea harengus*) reared in intensive culture conditions[J]. Aquaculture, 256: 296-301.

BUTLER P J, DAY N, NAMBA K, 1992. Interactive effects of seasonal temperature and low pH on resting oxygen uptake and swimming performance of adult brown trout Salmo Trutta[J]. Journal of Experimental Biology, 165: 195-212.

CADA G, CARLSON T, FERGUSON J, et al., 1999. Exploring the role of shear stress and severe turbulence in downstream fish passage[J]. Office of Scientific & Technical Information Technical Reports, 1-9.

CAI L, TAUPIER R, JOHNSON D, et al., 2013. Swimming capability and swimming behavior of juvenile *Acipenser schrenckii*[J]. Journal of Experimental Zoology Part A, 319: 149-155.

CARDWELL R D, DEFOREST D K, BRIX K V, et al., 2013. Do Cd, Cu, Ni, Pb, and Zn biomagnify in aquatic ecosystems[J]. Reviews of Environmental Contamination & Toxicology, 226: 101-122.

CAREAU V, BIRO P A, BONNEAUD C, et al., 2014. Individual variation in thermal performance curves: Swimming burst speed and jumping endurance in wild-caught tropical clawed frogs[J]. Oecologia, 175: 471-480.

CHRISTELLE L, GUY C, 2003. Influence of ambient oxygenation and temperature on metabolic scope and scope for heart rate in the common solea[J]. Epilepsia, 53: 1739-1745.

CLAIREAUX G, COUTURIER C, GROISON A L, 2006. Effect of temperature on maximum swimming speed and cost of transport in juvenile European sea bass (*Dicentrarchus labrax*) [J]. Journal of Experimental Biology, 209: 3420-3428.

CLAIREAUX G, WEBBER D M, LAGARDERE J P, et al., 2009. Influence of water temperature and oxygenation on the aerobic metabolic scope of Atlantic cod (*Gadus morhua*) [J]. Journal of Sea Research, 25: 2897-2905.

COTEL J A, WEBB W P, TRITICO H, 2006. Do brown trout choose locations with reduced turbulence[J]. Transactions of the American Fisheries Society, 135: 610-619.

CUVIER-PÉRES A, JOURDAN S, FONTAINE P, et al., 2001. Effects of light intensity on animal husbandry and digestive enzyme activities in sea bass Dicentrachus labrax post-larvae[J]. Aquaculture, 202: 317-328.

DAY N, BUTLER P J, 2005. The effects of acclimation to reversed seasonal temperatures on the swimming performance of adult brown trout *Salmo trutta*[J]. Journal of Experimental Biology, 208: 2683-92.

DUTHIE G G, HOULIHAN D F, 1982. The effect of single step and fluctuating temperature changes on the oxygen consumption of flounders, *Platichthys flesus* L.: Lack of temperature adaptation[J]. Journal of Fish Biology, 21: 215-226.

ELIASON E J, CLARK T D, HAGUE M J, et al., 2011. Differences in thermal tolerance among sockeye salmon populations[J]. Science, 332: 109-112.

ENDERS E C, BOISCLAIR D, ROY A G, 2003. The effect of turbulence on the cost of swimming for juvenile Atlantic salmon[J]. Canadian Journal of Fisheries & Aquatic Sciences, 60: 1149-1160.

ENDERS E C, BOISCLAIR D, ROY A G, 2005. A model of total swimming costs in turbulent flow for juvenile Atlantic salmon (*Salmo salar*) [J]. Canadian Journal of Fisheries & Aquatic Sciences, 62: 1079-1089.

FRANKE S, BRÜNING A, HÖLKER F, et al., 2013. Study of biological action of light on fish[J]. Journal of Light & Visual Environment, 37: 1-2.

FU S J, ZENG L Q, LI X M, et al., 2009. The behavioural, digestive and metabolic characteristics of fishes with different foraging strategies[J]. Journal of Experimental Biology, 212: 2296-2302.

GHEDIRA J, JEBALI J, BOURAOUI Z, et al., 2010. Metallothionein and metal levels in liver, gills and kidney of Sparusaurata exposed to sublethal doses of cadmium and copper[J]. Fish Physiology and Biochemistry, 36: 101-107.

GIODA C R, LORO V L, PRETTO A, et al., 2013. Sublethal zinc and copper exposure affect acetylcholinesterase activity and accumulation in different tissues of Leporinus obtusidens[J]. Bulletin of environmental contamination and toxicology, 90: 12-16.

GOETTEL M T, ATKINSON J F, BENNETT S J, 2015. Behavior of western blacknose dace in a turbulence modified flow field[J]. Ecological Engineering, 74: 230-240.

GOODWIN R A, NESTLER J M, ANDERSON J J, et al., 2006. Forecasting 3-D fish movement behavior using a Eulerian- Lagrangian-agent method (FLAM) [J]. Ecological Modelling, 192: 197-223.

GRIFFIN T M, KRAM R, WICKLER S J, et al., 2004. Biomechanical and energetic determinants of the walk-trot transition in horses[J]. Journal of Experimental Biology, 207: 4215-4223.

GUDERLEY H, BLIER P, 1988. Thermal acclimation in fish: conservative and labile properties of swimming muscle[J]. Canadian Journal of Zoology, 66: 1105-1115.

GUDERLEY H, 2004a. Locomotor performance and muscle metabolic capacities: Impact of temperature and energetic status[J]. Comparative Biochemistry & Physiology, 139: 371-382.

GUDERLEY H, 2004b. Metabolic responses to low temperature in fish muscle[J]. Biological Reviews, 79: 409-427.

HAMMER C, 1995. Fatigue and exercise tests with fish[J]. Comparative Biochemistry & Physiology Part A Physiology, 112: 1-20.

HERSKIN J, STEFFENSEN J F, 1998. Energy savings in sea bass swimming in a school: Measurements of tail beat frequency and oxygen consumption at different swimming speeds[J]. Journal of Fish Biology, 53: 366-376.

HOLT R E, JØRGENSEN C, 2015. Climate change in fish: Effects of respiratory constraints on optimal life history and behaviour[J]. Biology Letters, 11: 20141032.

HOU Y, YANG Z, AN R, et al., 2019. Water flow and substrate preferences of *Schizothorax wangchiachii* (Fang, 1963) [J]. Ecological Engineering, 138: 1-7.

HUANG Y, ZHANG J, HAN X, et al., 2014. The use of zebrafish (danio rerio) behavioral responses in identifying sublethal exposures to deltamethrin[J]. International Journal of Environmental Research and Public Health, 11: 3650-3660.

JAIN K E, BIRTWELL I K, FARRELL A P, 1998. Repeat swimming performance of mature sockeye salmon following a brief recovery period: A proposed measure of fish health and water quality[J]. Canadian Journal of Zoology, 76: 1488-1496.

JAIN K E, FARRELL A P, 2003. Influence of seasonal temperature on the repeat swimming performance of rainbow trout *Oncorhynchus mykiss*[J]. Journal of Experimental Biology, 206: 3569-3579.

JOHANSEN J L, JONES G P, 2011. Increasing ocean temperature reduces the metabolic performance and swimming ability of coral reef damselfishes[J]. Global Change Biology, 17: 2971-2979.

JOHNSON T, BENNETT A, 1995. The thermal acclimation of burst escape performance in fish an integrated study of molecular and cellular physiology and organismal performance[J]. Journal of Experimental Biology, 198: 2165-2175.

KAPOOR N N, 1971. Locomotory patterns of fish (*Lepomis gibbosus*) under different levels of illumination[J]. Animal Behaviour, 19: 744-749.

KEMP P S, WILLIAMS J G, 2009. Illumination influences the ability of migrating juvenile salmonids to pass a submerged experimental weir[J]. Ecology of Freshwater Fish, 18: 297-304.

KIEFFER J D, 2010. Perspective-Exercise in fish: 50+years and going strong[J]. Comparative

Biochemistry and Physiology Part A, 156: 163-168.

KOMARNICKI G J, 2000. Tissue, sex and age specific accumulation of heavy metals (Zn, Cu, Pb, Cd) by populations of the mole (*Talpa europaea* L.) in a central urban area[J]. Chemosphere, 41: 1593-1602.

KROHN M M, BOISCLAIR D, 1994. Use of a stereo-video system to estimate the energy expenditure of free-swimming fish[J]. Canadian Journal of Fisheries and Aquatic Sciences, 51: 1119-1127.

LAKE R G, HINCH S G, 1999. Acute effects of suspended sediment angularity on juvenile coho salmon (*Oncorhynchus kisutch*) [J]. Canadian Journal of Fisheries and Aquatic Sciences, 56: 862-867.

LEE C G, DEVLIN R H, FARRELL A P, 2003. Swimming performance, oxygen consumption and excess post-exercise oxygen consumption in adult transgenic and ocean-ranched coho salmon[J]. Journal of Fish Biology, 62: 753-766.

LIAO J C, 2007. A review of fish swimming mechanics and behaviour in altered flows[J]. Philosophical Transactions of the Royal Society B, 362: 1973-1993.

LIAO J C, BEAL D N, LAUDER G V, et al., 2003. Fish exploiting vortices decrease muscle activity[J]. Science, 302: 1566-1569.

LOWE C J, DAVISON W, 2006. Thermal sensitivity of scope for activity in *Pagothenia borchgrevinki*, a cryopelagic Antarctic nototheniid fish[J]. Polar Biology, 29: 971-977.

LUPANDIN A I, 2005. Effect of flow turbulence on swimming speed of fish[J]. Biology Bulletin, 32: 558-565.

MACNUTT M J, HINCH S G, LEE C G, et al., 2006. Temperature effects on swimming performance, energetics, and aerobic capacities of mature adult pink salmon (*Oncorhynchus gorbuscha*) compared with those of sockeye salmon (*Oncorhynchus nerka*) [J]. Canadian Journal of Zoology, 84: 88-97.

MAGER E M, GROSELL M, 2011. Effects of acute and chronic waterborne lead exposure on the swimming performance and aerobic scope of fathead minnows (*Pimephales promelas*) [J]. Comparative Biochemistry & Physiology Toxicology & Pharmacology, 154: 7-13.

MCCONNELL A, ROUTLEDGE R, CONNORS B M, 2010. Effect of artificial light on marine invertebrate and fish abundance in an area of salmon farming[J]. Marine Ecology Progress, 419: 147-156.

MONTEIRO D A, RANTIN F T, KALININ A L, 2010. Inorganic mercury exposure: toxicological effects, oxidative stress biomarkers and bioaccumulation in the tropical freshwater fish matrinxã, Brycon amazonicus (Spix and Agassiz, 1829) [J]. Ecotoxicology, 19: 105-123.

MOYANO M, RODRÍGUEZ J M, BENÍTEZ V M, et al., 2014. Larval fish distribution and retention in the Canary Current system during the weak upwelling season[J]. Fisheries Oceanography, 23: 191-209.

NEWBOLD L R, KEMP P S, 2015. Influence of corrugated boundary hydrodynamics on the swimming performance and behaviour of juvenile common carp (*Cyprinus carpio*) [J]. Ecological Engineering, 2015, 82: 112-120.

ODEH M, 2002. Evaluation of the effects of turbulence on the behavior of migratory fish[J]. Office of Scientific & Technical Information Technical Reports, 1-46.

OHLBERGER J, STAAKS G, HOLKER F, 2007. Estimating the active metabolic rate (AMR) in fish based on tail beat frequency (TBF) and body mass[J]. Journal of Experimental Zoology Part A, 307: 296-300.

OSMAN A G M, MEKKAWY I A, VERRETH J, et al., 2007. Effects of lead nitrate on the activity of metabolic enzymes during early developmental stages of the African catfish, *Clarias gariepinus*, (Burchell, 1822) [J]. Fish Physiology & Biochemistry, 33: 1-13.

PANG X, YUAN X Z, CAO Z D, et al., 2013. The effects of temperature and exercise training on swimming performance in juvenile qingbo (*Spinibarbus sinensis*) [J]. Journal of Comparative Physiology, 183: 99-108.

PANG X, YUAN X Z, CAO Z D, et al., 2015. The effect of temperature on repeat swimming performance in juvenile qingbo (*Spinibarbus sinensis*) [J]. Fish physiology and biochemistry, 41: 19-29.

PAVLOV D S, LUPANDIN, A I, SKOROBOGATOV M A, 2000. The effects of flow turbulence on the behavior and distribution of fish[J]. Journal of Ichthyology, 40: 232-261.

PEAKE S J, FARRELL A P, 2004. Locomotory behaviour and post-exercise physiology in relation to swimming speed, gait transition and metabolism in free-swimming smallmouth bass (Micropterus dolomieu) [J]. Journal of Experimental Biology, 207: 1563-75.

PEAKE S J, FARRELL A P, 2006. Fatigue is a behavioural response in respirometer-confined smallmouth bass[J]. Journal of Fish Biology, 68: 1742-1755.

RANDALL D, BRAUNER C, 1991. Effects of environmental factors on exercise in fish[J]. Journal of Experimental Biology, 160: 113-126.

ROCHE D G, TAYLOR M K, BINNING S A, et al., 2014. Unsteady flow affects swimming energetics in a labriform fish (Cymatogaster aggregata) [J]. Journal of Experimental Biology, 217: 414-422.

RODRIGUEZ T T, AGUDO J P, MOSQUERA L P, et al., 2006. Evaluating vertical-slot fishway designs in terms of fish swimming capabilities[J]. Ecological Engineering, 27: 37-48.

ROME L C, FUNKE R P, ALEXANDER R M, 1990. The influence of temperature on muscle velocity and sustained performance in swimming carp[J]. Journal of Experimental Biology, 154: 163-178.

ROSEWARNE P J, WILSON J M, SVENDSEN J C, 2016. Measuring maximum and standard metabolic rates using intermittent-flow respirometry: A student laboratory investigation of aerobic metabolic scope and environmental hypoxia in aquatic breathers[J]. Journal of Fish Biology, 88: 265-283.

SCARABELLO M, HEIGENHAUSER G J, WOOD C M, 1992. Gas exchange, metabolite status and excess post-exercise oxygen consumption after repetitive bouts of exhaustive exercise in juvenile rainbow trout[J]. Journal of Experimental Biology, 167: 155-169.

SHORE R F, DOUBEN P E, 1994. The ecotoxicological significance of cadmium intake and residues in terrestrial small mammals[J]. Ecotoxicology & Environmental Safety, 29: 101-112.

SILKIN Y A, SILKINA E N, 2005. Effect of hypoxia on physiological-biochemical blood parameters in some marine fish[J]. Journal of Evolutionary Biochemistry & Physiology, 41: 527-532.

SILVA A T, KATOPODIS C, SANTOS J M, et al., 2012. Cyprinid swimming behaviour in response to turbulent flow[J]. Ecological Engineering, 44: 314-328.

SILVA A T, KATOPODIS C, TACHIE M F, et al., 2016. Downstream swimming behaviour of catadromous and potamodromous fish over spillways[J]. River Research and Applications, 32: 935-945.

SMITH D L, BRANNON E L, ODEH M, 2005. Response of Juvenile Rainbow Trout to Turbulence Produced by Prismatoidal Shapes[J]. Transactions of the American Fisheries Society, 134: 741-753.

SOMERO G N, YANCEY P H, CHOW T J, et al., 1977. Lead effects on tissue and whole organism respiration of the estuarine teleost fish, Gillichthys mirabilis[J]. Archives of Environmental Contamination & Toxicology, 6: 349-354.

TAGUCHI M, LIAO J C, 2011. Rainbow trout consume less oxygen in turbulence: the energetics of swimming behaviors at different speeds[J]. Journal of Experimental Biology, 214: 1428-1436.

THIRUMAVALAVAN R, 2010. Effect of copper on carbohydrate metabolism fresh water fish, Catlacatla[J]. Asian Journal of Science and Technology, 5: 95-99.

TRITICO H M, COTEL A J, 2010. The effects of turbulent eddies on the stability and critical swimming speed of creek chub (Semotilus atromaculatus) [J]. Journal of Experimental Biology, 213: 2284-2293.

TU Z Y, YUAN X, HAN J C, et al., 2011. Aerobic swimming performance of juvenile Schizothorax chongi (Pisces, Cyprinidae) in the Yalong River, southwestern China[J]. Hydrobiologia, 675: 119-127.

VINODHINI R, NARAYANAN M, 2008. Bioaccumulation of heavy metals in organs of fresh water fish *Cyprinus carpio*, (Common carp) [J]. International Journal of Environmental Science & Technology, 5: 179-182.

VUTUKURU S S, SUMA C, MADHAVI K R, et al., 2005. Studies on the development of potential biomarkers for rapid assessment of copper toxicity to freshwater fish using esomus danricus as model[J]. International Journal of Environmental Research & Public Health, 2: 63-73.

WILKENS J L, KATZENMEYER A W, HAHN N M, et al., 2015. Laboratory test of suspended sediment effects on short-term survival and swimming performance of juvenile Atlantic sturgeon (*Acipenser oxyrinchus oxyrinchus*, Mitchill, 1815) [J]. Journal of Applied Ichthyology, 31: 984-990.

WITESKA M, JEZIERSKA B, CHABER J, 1995. The influence of cadmium on common carp embryos and larvae[J]. Aquaculture, 129: 129-132.

XIONG G, LAUDER G V, 2014. Center of mass motion in swimming fish: Effects of speed and locomotor mode during undulatory propulsion[J]. Zoology, 117: 269-281.

YAN G J, HE X K, CAO Z D, et al., 2015. Effects of fasting and feeding on the fast-start swimming performance of southern catfish *Silurus meridionalis*[J]. Journal of Fish Biology, 86: 605-614.

YI C, BANTA G T, SELCK H, et al., 2014. Toxicity and bioaccumulation of sediment-associated silver nanoparticles in the estuarine polychaete, Nereis (Hediste) diversicolor[J]. Aquatic Toxicology, 156: 106-115.

YUAN X, CAI L, JOHNSON D M, et al., 2016. Oxygen consumption and swimming behavior of juvenile siberian sturgeon *Acipenser baerii* during stepped velocity tests[J]. Aquatic Biology, 24: 211-217.

YUAN X, ZHOU Y H, HUANG Y P, et al., 2017. Effects of temperature and fatigue on the metabolism and swimming capacity of juvenile Chinese sturgeon (*Acipenser sinensis*) [J]. Fish Physiology and Biochemistry, 43: 1279-1287.

第4章
自身因素对鱼类游泳特性的影响

鱼类形态、摄食/饥饿、运动疲劳等生物学相关因素都会对鱼类游泳特性产生影响。这些影响可能是轻微的，也可能是显著的；可能是独立的，也可能是有交互作用的。

4.1 鱼 类 形 态

4.1.1 概述

鱼类形态主要是指鱼类的外部形态、内部结构及各个器官和系统功能。与鱼类游泳特性紧密相关，且国内外研究较多的鱼类形态指标主要包含有鱼类的体长（或叉长、全长）、特异结构（如吸盘、扁平胸腹部）、鱼鳍等（Hou et al.，2018；Plaut，2000；Peake et al.，1997）。在上述指标中，国内外研究者们针对体长对鱼类游泳特性影响的研究较为多见，常用于过鱼设施设计的相关研究，比如 Peake 等（1997）提出的游泳运动耐力模型：$\log E = a_0 + a_1L + a_2T + a_3V + a_4LT + a_5TV + a_6LV + a_7LTV + e$，其中 E 为鱼的运动耐力（min），L 为鱼的体长（cm），T 为水温（℃），V 为游泳速度（cm/s），e 为正态分布误差项，$a_0 \sim a_7$ 为模型常数。如果已知过鱼设施通道长度和通过过鱼设施的目标鱼类的最小尺寸，即可通过如下方程式计算得到过鱼设施通道内最大设计流速：$V_f = V_s - d / E$，其中 V_f 为通道内流速（cm/s），V_s 为目标鱼类的最小尺寸鱼的游泳速度（cm/s），d 为通道长度（cm），E 为在 V_s 游泳速度下鱼类的耐力（s）。当温度一定，通过一定长度的鱼时，将上述两式联立即可到过鱼设施通道的最大设计流速和长度的关系。

4.1.2 体长对草鱼游泳特性的影响

1. 材料与方法

本小节研究鱼类样本为广西省桂平市内黔江江段。鱼类规格为体长 18.9 cm～

32.4 cm，体重 111.2～720.4 g。将鱼捕捞后，放置于水箱中暂养 24 h 以上。利用空气泵向缸内通气。实验所用仪器为 2.2.2 小节中的图 2.5 循环式游泳呼吸仪。

递增流速测试：每尾鱼逐一测试，测试开始前，测量其体长和体重，然后将鱼放入装置内，调整装置流速为 0.5 bl/s，适应 2 h（Jain et al.，1997），然后进行正式测试。初始流速设置为 1.0 bl/s，流速梯度为 1.0 bl/s，时间梯度为 15 min。当鱼运动疲劳（判定标准：鱼抵网并且无法游动）后，实验结束。处理本测试数据可得到鱼类临界游泳速度（U_{cirt}）。将上述实验方法的 15 min 改为 20 s 进行实验即可得到突进游泳速度（U_{burst}）。将实验鱼放置于水槽的静止水体中，然后逐步增大流速，直至测试鱼掉转方向至逆流方向，此时流速为试验鱼个体的感应流速（U_{ind}）。

U_{cirt} 的计算公式为 $U_{crit}=U_p+(t_f/t_i)\times U_t$（Brett，1964），其中 U_p（bl/s）表示鱼所能游完的整个测试时间周期时的游泳速度，U_t（bl/s）表示速度梯度，t_f（min）表示鱼最后一次增速至鱼类疲劳时所经历的时间，t_i（min）表示时间梯度。U_{burst} 计算公式和 U_{cirt} 类似，仅 t_i 常数不同。

2. 实验结果

实验鱼 U_{ind} 为 0.11～0.19 m/s，U_{cirt} 为 0.73～1.12 m/s，U_{burst} 为 1.00～1.98 m/s。U_{ind}、U_{cirt} 和 U_{burst} 均分别与体长呈现正相关关系（图 4.1～图 4.3）。

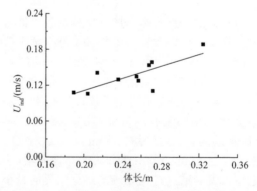

图 4.1　草鱼感应流速（U_{ind}）与体长的相关关系（蔡露 等，2016）

3. 讨论

本小节研究实验鱼感应流速 U_{ind} 为 0.11～0.19 m/s，相比于白艳琴等（2013）的草鱼（11.7～14.2 cm）U_{ind}（0.05～0.13 m/s）研究结果更大，这可能是由实验鱼规格相对较大而造成的，这也正好和本小节中感应流速与体长的相关关系相印证。本小节实验鱼（21.0～31.3 cm）的临界游泳速度 U_{cirt} 为 0.73～1.12 m/s，相比于房敏等（2014）的草鱼（8.0～9.72 cm）U_{crit}（平均值 0.63 m/s）研究结果更大，

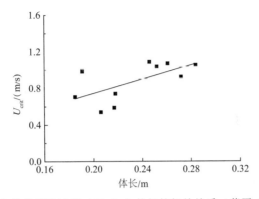

图 4.2 草鱼临界游泳速度（U_{crit}）与体长的相关关系（蔡露 等，2016）

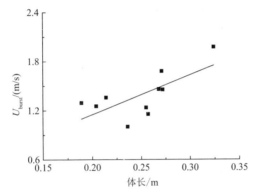

图 4.3 草鱼突进游泳速度（U_{burst}）与体长的相关关系（蔡露 等，2016）

这可能是由本研究实验鱼规格相对较大而造成的，这也正好和本研究中临界游泳速度与体长的相关关系相印证。

本小节中 U_{ind}、U_{cirt} 和 U_{burst} 均分别与体长呈正相关关系。这和其他相关文献所报道的其他鱼类游泳能力和和体长的相关关系类似（Verhille，2014；Hammer，1995）。该相关关系对于较难捕获测试样本或仅可捕获极个别样本的鱼类游泳特性预测研究具有一定指导作用。但也有文献报道称草鱼、鲢、瓦氏黄颡鱼的感应流速与体长并无显著相关关系（白艳琴 等，2013）。

4. 小结

本小节以广西省桂平市内黔江江段野生草鱼（体长为 18.9～32.4 cm，体重111.2～720.4 g）为研究对象，利用 Brett 式鱼类游泳特性研究装置，研究了不同体长的鱼类游泳特性。结果表明：实验鱼感应流速为 0.11～0.19 m/s，临界游泳速度为 0.73～1.12 m/s，突进游泳速度为 1.00～1.98 m/s。该三种指标均分别与体长呈现正相关关系。

4.2 摄食/饥饿

4.2.1 概述

现今国内外已存在一定数量的鱼类游泳特性研究报道，且大多是重点考虑水温、水流、鱼规格对游泳特性的影响，且在国内过鱼设施设计中鱼类游泳特性研究也大多是仅考虑水温、流速、鱼规格对游泳能力的影响。国内鱼类摄食/饥饿对游泳特性的影响研究报道相对不多，实际过鱼设施设计案例中，更是未见相关应用。作者经过近年来文献调研和实际研究发现并推测，摄食/饥饿可能也是当今过鱼设施高效运行的重要制约因素。

食物资源存在时空差异性，摄食不足是鱼类在自然界经常遭遇的逆境之一。大坝的建设扰乱了原本自然条件下河流水温的变化方式，而水温是影响水生生物的重要因素，水温的变化很可能引起鱼类饵料资源量的减少。此外，水体有毒污染物的大量排放也会引起鱼类饵料资源量的减少。多数鱼类在洄游时的摄食量发生了变化，尤其是在繁殖洄游时鱼类摄食量会急剧减少甚至停止摄食。摄食不足导致的饥饿会使得鱼类游泳特性发生改变，特别是会降低鱼类游泳能力（Cai et al.，2017，2014），然而一旦游泳能力降低，鱼类将会更难获得到食物，其在河流中的生存能力进一步降低，同时洄游鱼类也很难有能力通过高流速的过鱼设施。相反，适宜的摄食情况则会相对提高鱼类游泳能力。因此，评价摄食对游泳特性的影响十分重要。从生态上来说，不同摄食条件下鱼类维持特定游泳能力的生态代价和收益不同；从生理上来说，由于摄食和消化对机体不同部位的不同能量物质影响各异，不同游泳能力对摄食的反应也可能存在差别（Walker et al.，2005；Domenici，2003）。有研究报道摄食不足可能导致鱼类心脏跳动速率降低，降低心室内糖原以及甘油三酯含量，因而导致红肌的供氧能力明显下降从而影响鱼类有氧运动，但短期饥饿对无氧运动影响并不大（Gamperl & Farrell，2004）。但也有文献报道称，在摄食不足条件下鱼类会尽量通过分解肌糖原或肝糖原、脂肪等维持细胞内高能磷酸物质的含量，用以快速游动（Zhao et al.，2012）。不同鱼类的游泳特性对摄食的响应可能存在差异。然而有关摄食对国外鱼种（尤其是鲑、鳟类）的游泳特性的影响报道有一定数量，但有关中国境内鱼种的该类研究并不多见（Fu et al.，2011）。

4.2.2 摄食/饥饿对小体鲟游泳特性的影响

1. 材料与方法

本小节鱼类样本为湖北宜昌三江渔业有限公司鲟良种场提供的小体鲟幼鱼。

鱼类规格为体长（13.62±0.96）cm，体重（14.58±2.81）g，平均值±SE。将鱼取回实验室后，放置于玻璃缸内适应 3 周，每天 8：00 饱足投喂普通商业饲料。利用空气泵向缸内通气。适应期后，实验之前每尾鱼都会被进行禁食处理。基于一些文献报道（Tu et al.，2012；Shi et al.，2010；Fu et al.，2007；McKenzie et al.，2003；Gisbert & Doroshov，2003；Agius & Roberts，1981；Bilton & Robins，1973；Black et al.，1966）：①鱼类在摄食后的 12 h 内，代谢率逐步升高；②鱼类在摄食后，需要将近 2 d 才能完成食物消化；③更长时间的禁食后，鱼类将明显受到饥饿胁迫。因而本小节设置了 4 个禁食组。组 1：禁食 6 h；组 2：禁食 2 d；组 3：禁食 1 周；组 4：禁食 2 周。实验所用仪器为 2.2.2 小节中的图 2.5 循环式游泳呼吸仪。

递增流速测试：每尾鱼逐一测试，测试开始前，测量其体长和体重，然后将鱼放入装置内，调整装置流速为 0.3 bl/s，适应 2 h（Jain et al.，1997），然后进行正式测试。初始流速设置为 0.5 bl/s，流速梯度为 0.5 bl/s，时间梯度为 20 min。每 5 min 测试一次溶氧和温度。当鱼运动疲劳（判定标准：鱼抵网并且无法游动）后，流速调至 0.5 bl/s 并维持 1.5 h。处理本测试数据可得到鱼类临界游泳速度（U_{cirt}）（通过鱼类游泳速度和游泳时间的计算方法推算得到）、耗氧率（M_{O_2}）。

所有数据均以平均值±标准误（mean±SE）表示，统计学比较方法采用单因素方差分析（ANOVA Fisher LSD），数据处理软件使用绘图及统计分析软件 Origin。

U_{cirt} 计算公式为 $U_{crit}=U_p+ (t_f/t_i) \times U_t$（Brett，1964），其中 U_p（bl/s）表示鱼所能游完的整个测试时间周期时的游泳速度，U_t（bl/s）表示速度梯度，t_f（min）表示鱼最后一次增速至鱼类疲劳时所经历的时间，t_i（min）表示时间梯度。

耗氧率记为 M_{O_2}，鱼类在 0.5 bl/s 速度下的耗氧率记为日常耗氧率 $M_{O_2 routine}$，鱼类在本测试期间发生的最大耗氧率记为 $M_{O_2 max}$。鱼类有氧呼吸范围记为 AS= $M_{O_2 max}-M_{O_2 routine}$，该数值与鱼类潜在的能量利用能力有关（Killen et al.，2012）。

每尾鱼的测试过程中，每次运动疲劳前，M_{O_2} 和 U 的相关关系用方程表达（Behrens et al.，2006）：$M_{O_2}=a+bU^c$，其中 a，b 和 c 是方程的拟合值，c 也称游泳速度指数（speed exponent）。每尾鱼的测试过程中，每次运动疲劳后，M_{O_2} 和 t 的相关关系可用方程表示（Lee et al.，2003a）：$M_{O_2}=a+be^{ct}$，其中 a，b，c 和 t 是方程的拟合值，e 为自然对数。活动耗氧量（active oxygen consumption，AOC）表示在一定时间内有氧运动过程中耗氧量与日常耗氧量的差异，该值可通过 M_{O_2} 曲线在 $M_{O_2 routine}$ 线上的投影面积计算得到。

运动疲劳后过量耗氧（EPOC，mgO_2/kg）指鱼类运动疲劳后的耗氧比日常耗氧更多的部分。疲劳后其耗氧率变化曲线在日常耗氧率（基线）上的投影面积即为 EPOC。鱼类疲劳前耗氧与 EPOC 之和为总耗氧，总耗氧率曲线在疲劳前耗氧率曲线上的投影面积约等于 EPOC（Brett，1964）。通过反复迭代作图（Lee et al.，2003a），直到投影面积与 EPOC 相差在 0.5%之内，即可得到总耗氧曲线，疲劳前耗氧曲线和总耗氧曲线的分界点即为无氧呼吸启动时对应的游泳速度（onset of anaerobic respiration，U_a）。

2. 实验结果

4 组测试的 U_{cirt} 呈现出先上升后下降再稳定的趋势（图 4.4），分别为 3.33 bl/s±0.18 bl/s、3.54 bl/s±0.15 bl/s、2.93 bl/s±0.17 bl/s、2.80 bl/s±0.12 bl/s。

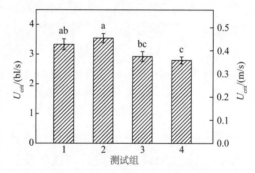

图 4.4　不同禁食条件下小体鲟幼鱼临界游泳速度（U_{cirt}）变化（Cai et al.，2017）

组 1、组 2 和组 3 中 $M_{O_2\,routine}$ 呈现出依次递减趋势且具显著性差异，但组 3 和组 4 的 $M_{O_2\,routine}$ 之间并无显著差异（图 4.5）。

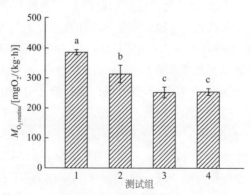

图 4.5　不同禁食条件下小体鲟幼鱼日常耗氧率（$M_{O_2\,routine}$）变化（Cai et al.，2017）

组 1、组 2 的 $M_{O_2\,max}$ 大于组 3、组 4，但整体上依然同 $M_{O_2\,routine}$ 趋势类似，呈

现出先下降后稳定趋势（图 4.6）。

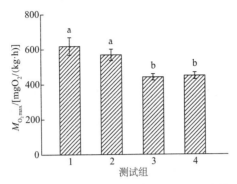

图 4.6　不同禁食条件下小体鲟幼鱼最大耗氧率（$M_{O_2\,max}$）变化（Cai et al.，2017）

虽然4组测试中AS无显著性差异，但是由图4.7可见其呈现出先上升后下降然后稳定的趋势，这种趋势和U_{crit}变化趋势相同。

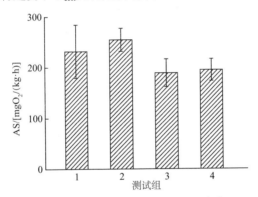

图 4.7　不同禁食条件下小体鲟幼鱼耗氧范围（AS）变化（Cai et al.，2017）

将 M_{O_2} 和 U 进行拟合，结果详见表 4.1。游泳速度指数 c 值呈现先下降后上升的趋势。测试全程中 4 组鱼的耗氧代谢的详情见图 4.8。4 组测试 EPOC 先上升后下降再稳定。无氧呼吸运动发生时间先依次提前然后推迟（绝对的 U_a 分别为 1.79 bl/s，1.46 bl/s，1.17 bl/s，1.43 bl/s）。但由于 U_{crit} 的下降，相对的 U_a 呈现出先下降后上升趋势（53.75%，41.24%，39.93%和51.07% U_{crit}）。恢复期间，随时间推移 M_{O_2} 下降。

表 4.1　不同禁食条件下小体鲟幼鱼疲劳前的耗氧率和游泳速度的相关关系

组	拟合方程	F	P	R^2
1	$M_{O_2}=401.1+63.2U^{1.86}$	1.3×10^6	<0.00001	0.907
2	$M_{O_2}=319.7+90.3U^{1.52}$	23.9×10^6	<0.00001	0.997
3	$M_{O_2}=261.3+63.6U^{1.66}$	2.2×10^6	<0.00001	0.980
4	$M_{O_2}=271.1+38.4U^{2.86}$	1.7×10^6	<0.00001	0.977

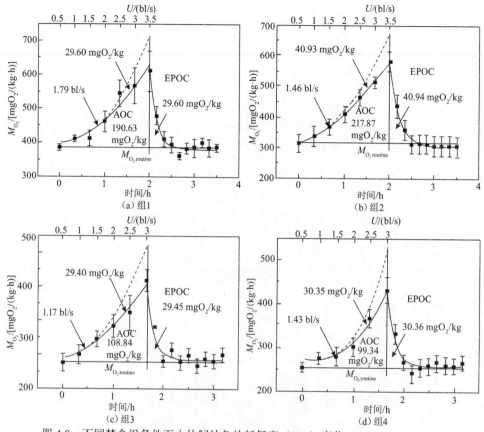

图 4.8　不同禁食组条件下小体鲟幼鱼的耗氧率（M_{O_2}）变化（Cai et al.，2017）

3. 讨论

随禁食时间的加长，小体鲟幼鱼 U_{crit} 呈现小幅上升后逐步下降后再稳定的趋势（3.33 bl/s，3.54 bl/s，2.93 bl/s，2.80 bl/s）。如果禁食时间少于 2 d，则对小体鲟幼鱼游泳能力影响较小；如果禁食时间长于 1 周，则会显著降低其游泳能力。大坝的阻隔会耽误鱼类的洄游进度，使得本身在洄游过程中仅少量摄食甚至停食的鱼类遭受更大程度的饥饿胁迫和游泳能力削弱。因此，如果鱼类在过鱼设施附近河段有摄食行为，那么可以考虑人为提供食物，用以维持其较强的游泳能力，从而顺利进行通过过鱼设施继续洄游。

耗氧率方程中的游泳速度指数 c 值越大，鱼类游泳效率越小（Wardle et al.，1996）。在本小节中组 2（禁食 2 d，即排除 SDA 的干扰）c 值为 1.52，这类似于文献中报道的高首鲟（*Acipenser transmontanus*）、湖鲟（*Acipenser fulvescens*）、施氏鲟（*Acipenser schrenckii*）研究（Cai et al.，2013；Peake 2005），且小体鲟

幼鱼测试值略大,说明小体鲟幼鱼的游泳效率相对较低。4 组测试中,c 值顺次分别为 1.86、1.52、1.66、2.86,呈现出先下降随后上升的趋势,说明摄食后数小时内小体鲟幼鱼游泳效率处于相对较低的水平,而当体内食物接近完全消化时,游泳效率则相对较高,并且随着禁食时间的加长游泳效率出现快速下降的趋势。需要注意的是,禁食 2 周时的游泳效率明显低于禁食 1 周内时的游泳效率。因此说明如果禁食时间少于 1 周,则对游泳效率影响不大,但是当禁食时间大于 2 周,则将会对游泳效率产生很大影响。另外,由于游泳效率和鱼类生理学关系密切,推断禁食 2 周可能对小体鲟内部某些生理功能产生较严重的影响。

EPOC 是设计鱼道休息室的重要参考指标(Webber et al.,2007),该值大小与运动疲劳后恢复能力的强弱呈负相关关系(Fu et al.,2009;Lee et al.,2003a)。小体鲟 4 组测试中的 EPOC 分别为 29.60 mgO$_2$/kg,40.94 mgO$_2$/kg,29.45 mgO$_2$/kg,30.36 mgO$_2$/kg(20℃),该值比鲑鱼[*Oncorhynchus nerka*,288.2 mgO$_2$/kg(18℃)和 86.2 mgO$_2$/kg(16℃),Lee 等(2003a)]小很多,但相比施氏鲟[*Acipenser schrenckii*,48.4 mgO$_2$/kg(20℃),Cai 等(2013)]类似,这说明小体鲟幼鱼具有相对较强的恢复能力。另外有报道称 EPOC 与儿茶酚胺循环、糖异生和糖酵解路径、甘油三酸酯脂肪酸循环密切相关(Gaesser & Brooks,1983)。EPOC 的变化可能是由于禁食影响了去甲肾上腺素、儿茶酚胺等体内物质的含量而造成的。

EPOC 与无氧呼吸具有一定相关关系:EPOC 越小,鱼类无氧呼吸能力越小(Lee et al.,2003a)。而根据 4 组测试 EPOC 变化趋势可推测,当小体鲟体内还有大量未消化完的食物时或机体出现饥饿胁迫时,小体鲟无氧呼吸能力则较弱;当食物消化接近完毕时,小体鲟无氧呼吸能力较强。

有氧代谢提供的鱼类推进力常由红肌纤维产生,白肌纤维主要进行无氧呼吸进而供能用以获得较高的前进速度(Marras et al.,2013;Rome et al.,1990)。有研究表明当鲤科鱼类的游泳速度到达 30%～50% U_{crit} 时(即开始进行无氧代谢时的鱼类游泳速度 U_a)则会启用无氧呼吸供能(Jones,1982),但是不同鱼种的有氧呼吸供能的能力会有所差异(Svendsen et al.,2010;Lee et al.,2003a;Jones,1982)。4 次测试中,小体鲟幼鱼相对的 U_a 分别为 53.75%、41.24%、39.93%、51.07% U_{crit}(绝对的 U_a 分别为 1.79 bl/s、1.46 bl/s、1.17 bl/s、1.43 bl/s),该数值中有的处于上述鲤科鱼类范围值较高区域,有的甚至超过该范围上限,但总体来说与上述范围值差异并不大,因此说明小体鲟和鲤科鱼类无氧呼吸启动时间的反应策略一定程度上类似。

4 组测试中,不论是绝对的 U_a 还是相对的 U_a 都呈现出了先下降后上升趋势。先下降趋势说明了禁食会使小体鲟幼鱼提早使用无氧呼吸供能,后上升趋势可能是因为小体鲟幼鱼感受到了强烈的饥饿胁迫所以尽量避免和推迟使用低能效的无氧呼吸供能。从前文小体鲟幼鱼耗氧率变化图（图 4.8）来看，小体鲟幼鱼达到 U_{crit} 所利用的能量主要不是由无氧呼吸提供，而是由有氧呼吸提供。有研究报道鲑鱼在通过过鱼设施时正是主要利用了有氧呼吸产生的能量（Pon et al.，2009），这和我们的研究结果类似。

4. 小结

本小节以湖北宜昌三江渔业有限公司鲟良种场提供的小体鲟幼鱼[体长（13.62±0.96）cm，体重（14.58±2.81）g，平均值±SE]为研究对象，利用 Brett 式鱼类游泳特性研究装置，研究了不同禁食时间条件下的鱼类游泳特性。①随着禁食时间的加长，小体鲟幼鱼临界游泳速度（U_{crit}）呈现小幅上升后逐步下降然后稳定的趋势。若禁食时间少于 2 d，则对小体鲟游泳能力影响小；若禁食时间长于 1 周，则其游泳能力会显著降低。②若禁食时间少于 1 周，对游泳效率影响不大，当禁食时间大于 2 周，则对游泳效率会产生较大影响。③当小体鲟体内还有较多食物未消化完或机体出现饥饿胁迫时，小体鲟无氧呼吸能力较弱；当食物消化接近完毕时，则小体鲟无氧呼吸能力较强。

4.2.3 摄食/饥饿对草鱼游泳特性的影响

1. 材料与方法

本小节鱼类样本为湖北宜昌某鱼池提供的草鱼幼鱼。鱼类规格为体长 9.8～13.2 cm，体重 17.6～37.6 g（表 4.2）。将鱼取回实验室后，放置于玻璃缸内适应 3 周，每天定时饱足投喂普通商业饲料。利用空气泵向缸内通气。适应期后，实验之前每尾鱼都会被进行禁食处理。基于一些文献报道（Tu et al.，2012；Shi et al.，2010；Fu et al.，2007；McKenzie et al.，2003；Gisbert & Doroshov 2003；Agius & Roberts 1981；Bilton & Robins 1973；Black et al. 1966）：①鱼类在摄食后的 12 h 内，代谢率逐步升高；②鱼类在摄食后，需要将近 2 d 才能完成食物消化；③更长时间的禁食后，鱼类将明显受到饥饿胁迫。因而本小节研究设置了 3 个禁食组。组 1：禁食 6 h；组 2：禁食 2 d；组 3：禁食 2 周。3 组测试鱼的规格之间没有显著差异（$P > 0.05$）。实验所用仪器为 2.2.2 小节中的图 2.5 循环式游泳呼吸仪。

表 4.2 测试前 3 组测试的草鱼幼鱼规格及肥满度（Cai et al.，2014）

组	体长/cm	叉长/cm	全长/cm	体重/g	肥满度
1	11.02±0.32	12.73±0.41	14.05±0.35	28.89±2.42	1.40±0.03
2	10.59±0.30	12.45±0.35	13.12±0.34	27.33±1.78	1.42±0.03
3	11.08±0.36	12.71±0.39	14.12±0.41	28.98±2.36	1.41±0.04

递增流速测试：每尾鱼逐一测试，测试开始前，测量其体长和体重，然后将鱼放入装置内，调整装置流速为 0.3 bl/s，适应 2 h（Jain et al.，1997），然后进行正式测试。初始流速设置为 1.0 bl/s，流速梯度为 1.0 bl/s，时间梯度为 30 min。每 5 min 测试一次溶氧和温度。当鱼运动疲劳（判定标准：鱼抵网并且无法游动）后，流速调至 0.3 bl/s 并维持 1.5 h。处理本测试数据可得到鱼类临界游泳速度（U_{crit}）（通过鱼类游泳速度和游泳时间的计算方法推算得到）、耗氧率（M_{O_2}）。

所有数据均以平均值±标准误（mean±SE）表示，统计学比较方法采用单因素方差分析（ANOVA Fisher LSD），数据处理软件使用绘图及统计分析软件 Origin。

鱼类肥满度 condition factor=100×（体长）/（叉长）^{3}。

U_{crit} 计算公式为 $U_{crit}=U_p+（t_f/t_i）×U_t$（Brett，1964），其中 U_p（bl/s）表示代鱼所能游完的整个测试时间周期时的游泳速度，U_t（bl/s）表示速度梯度，t_f（min）表示鱼最后一次增速至鱼类疲劳时所经历的时间，t_i（min）表示时间梯度。

耗氧率记为 M_{O_2}，鱼类在 0.3 bl/s 速度下的耗氧率记为日常耗氧率 $M_{O_2 routine}$，鱼类在本测试期间的发生的最大耗氧率记为 $M_{O_2 max}$。鱼类有氧呼吸范围记为 AS=$M_{O_2 max}-M_{O_2 routine}$，该数值与鱼类潜在的能量利用能力有关（Killen et al.，2012）。

每尾鱼的测试过程中，每次运动疲劳前，M_{O_2} 和 U 的相关关系用方程表达（Behrens et al.，2006）：$M_{O_2}=a+bU^c$，其中 a，b 和 c 是方程的拟合值，c 也称游泳速度指数。每尾鱼的测试过程中，每次运动疲劳后，M_{O_2} 和 t 的相关关系可用方程表示（Lee et al.，2003a）：$M_{O_2}=a+be^{ct}$，其中 a，b，c 和 t 是方程的拟合值，e 为自然对数。

运动疲劳后过量耗氧（EPOC，mgO_2/kg）和无氧呼吸启动时对应的游泳速度（onset of anaerobic respiration，U_a）的计算方法可详见 4.2.2 小节。

运动耗能[COT，J/（kg×m）]指单位体重的鱼类在移动单位距离时候所消耗的能量，耗氧和耗能的转换系数为 14.1 J/mg，$COT=aU^{-1}+bU^{c-1}$。鱼类在不同运动速度时最小 COT 记为最佳（节能）游泳速度（U_{opt}）。

2. 实验结果

禁食处理后，组 1 和组 2 的实验鱼肥满度仍没有显著差异，但组 3 的实验鱼肥满度与其他两组相比呈现出显著下降（$P<0.05$）（表 4.3）。由表 4.3 可见，组 1 和组 2 的 $M_{O_2 routine}$ 有显著差异，但组 3 $M_{O_2 routine}$ 和其他组没有显著差异。组 2 的 $M_{O_2 max}$ 显著高于组 1 和组 3。AS 呈现先上升后下降趋势。EPOC 变化不大。

表 4.3　不同禁食条件下草鱼幼鱼肥满度以及耗氧变化（Cai et al.，2014）

组	肥满度	$M_{O_2 routine}$/[mgO_2/(kg·h)]	$M_{O_2 max}$/[mgO_2/(kg·h)]	AS/[mgO_2/(kg·h)]	EPOC/(mgO_2/kg)
1	1.42±0.03[a]	321.25±40.19[a]	704.98±44.80[a]	384	106
2	1.41±0.03[a]	199.49±30.31[b]	926.07±66.98[b]	727	110
3	1.30±0.04[b]	218.99±36.87[a, b]	638.13±78.14[a]	420	113

由表 4.4 可见，随着禁食时间的加长，U_{crit} 下降，组 1 和组 3 之间的差异显著。游泳速度指数 c 先下降后上升。随着鱼类游泳速度加大，游泳速度和耗氧率之间的相关关系（图 4.9）的拟合度参数 R^2 依次分别为 0.950、0.976、0.953。

表 4.4　不同禁食条件下草鱼幼鱼游泳速度相关参数（Cai et al.，2014）

组	c	U_{crit}/(bl/s)	U_a/%U_{crit}	U_{opt}/(bl/s)
1	1.46	9.89±0.54 [a]	28.3	9.9
2	1.23	8.94±0.41 [a, b]	33.6	7.3
3	1.91	7.97±0.52 [b]	40.2	4.6

注：U_{crit} 间的显著性差异参数设置 $P<0.05$

鱼类运动疲劳后，耗氧率和时间之间的相关关系可见图 4.9。运动疲劳后鱼类

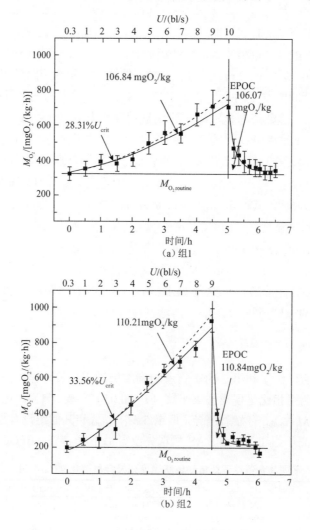

（a）组1

（b）组2

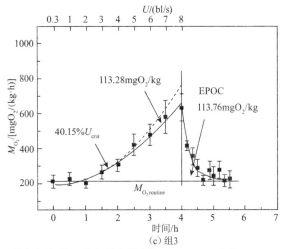

图 4.9 不同禁食组条件下草鱼幼鱼的耗氧率（M_{O_2}）变化（Cai et al.，2014）

耗氧率恢复到日常状况下耗氧率水平需要 1～1.5 h。3 组测试鱼类无氧呼吸运动出现时对应的游泳速度 U_a（相对值）增大。

3 组测试鱼均随着游泳速度的增大 COT 快速下降（1～3 bl/s）后平稳或回升。随着禁食时间的加长，U_{opt} 逐步减小：组 1（禁食 6 h）的 COT 呈现持续下降的趋势，U_{opt}=10.0 bl/s；组 2（禁食 2 d）的 COT 有轻微回升情况，U_{opt}=7.3 bl/s；组 3（禁食 2 周）的 COT 有较为明显回升情况，U_{opt}=4.6 bl/s，如图 4.10 所示。

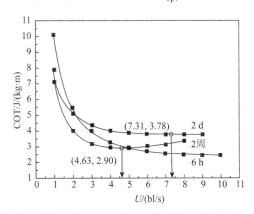

图 4.10 不同禁食条件下草鱼幼鱼的耗氧率（M_{O_2}）变化（Cai et al.，2014）

由图 4.11 可见，随着禁食时间的加长，EPOC 和 U_a 均与时间对数呈现线性正相关关系（R^2=0.972 和 0.986，P=0.076 和 0.053）；由图 4.12 可见，U_{opt} 与时间对数呈现线性负相关关系（R^2=0.999，P=0.076）。

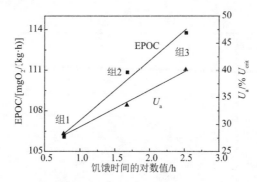

图 4.11　草鱼幼鱼的过量运动后耗氧 EPOC 和无氧呼吸启动时对应的游泳速度 U_a 与禁食时间对数的相关关系（Cai et al.，2014）

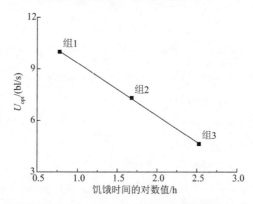

图 4.12　草鱼幼鱼的最佳游泳速度 U_{opt} 与禁食时间对数的相关关系（Cai et al.，2014）

3. 讨论

摄食/饥饿状况显著影响着鱼类的生理代谢（Alsop & Wood，1997），例如鱼类在摄食后，鱼类会提高耗氧率并产生更多的能量用以支撑体内消化功能正常运行，因此此时的 $M_{O_2 routine}$ 则会升高。本小节中组 1（禁食 6 h）的 $M_{O_2 routine}$ 大于其他组，符合上述理论。本小节中组 2（禁食 2 d）的 $M_{O_2 max}$ 大于组 1，这可能是由于此时接近食物消化完毕，可以有更多的耗氧耗能以供给支撑鱼类运动。组 2（禁食 2 d）的 $M_{O_2 max}$ 大于组 3（禁食 2 周），说明饥饿胁迫会降低其 $M_{O_2 max}$。组 2 中 $M_{O_2 routine}$ 较小并且 $M_{O_2 max}$ 较大，因而造成组 2 的 AS 较大，使得此时可利用于分配给运动耗能的能量越多。

基于 U_{crit} 结果（9.89 bl/s，8.94 bl/s，7.97 bl/s）可以认为，随着鱼类摄食后禁食时间的推移，鱼类游泳能力呈现下降趋势。虽然组 1 和组 2 的 U_{crit} 差异不显著，但是组 1 和组 3 的 U_{crit} 差异显著。随着鱼类摄食后禁食时间的推移，无氧呼吸运动出现时间依次推后（28.3% U_{crit}，33.6% U_{crit}，40.2% U_{crit}），这和上文研究发现的小体鲟幼鱼无氧呼吸运动出现时间的规律明显不同，这可能是鱼种间分化较大的缘故，具体生理学机制还需进一步研究。

据报道，和草鱼同为鲤科鱼类的圆口铜鱼（*Coreius guichenoti*）和鳙（*Aristichthys nobilis*）在 20℃时（禁食 2 d）的 U_{crit} 分别为 6.54 bl/s、4.57 bl/s（蔡露 等，2012；Tu et al.，2012）。本小节中草鱼的 U_{crit}（8.94 bl/s）大于上述两种鱼类。通过对比发现，相比于上述两种鱼类，草鱼在形态学上看上去更为细长，因而草鱼在水中游泳时候则会受到更小的水流阻滞力（Boily & Magnan，2002），这可能是草鱼 U_{crit} 更大的原因之一。

上文已述的耗氧率方程中的游泳速度指数 c 呈现出先轻微下降然后显著上升的趋势（组 1～3：1.46，1.23，1.91）。Videler 和 Nolet（1990）报道了多种鱼类的 c 范围为 1.1～3.0，本小节测试所得结果符合上述范围。c 和游泳效率通常呈现一定的负相关关系（Wardle et al.，1996），因而和期望的一样，在草鱼接近完成消化时，其游泳效率较高，而当其达到饥饿胁迫时，其游泳效率较低。鱼类在洄游期间通常仅少量摄食甚至禁食（Hodgson & Quinn，2002；Larsen，1980），因此饥饿条件下的游泳效率对于草鱼洄游而言比较重要。

鱼类 EPOC 与运动疲劳后恢复能力有关系，同时也与无氧呼吸能力呈正相关关系（Fu et al.，2009；Lee et al.，2003a）。据报道 EPOC 与儿茶酚胺循环、糖酵解、甘油三酯脂肪酸循环（Bahr，1992；Gaesser & Brooks，1983）相关。摄食后随着时间的推移，草鱼 EPOC 呈现轻微上升趋势。随着禁食时间的加长，鱼类体内可能感受到了食物消化殆尽的压力，因而造成鱼体内去肾上腺素和儿茶酚胺水平的上升，从而影响了鱼类体内的代谢循环，继而使得恢复能力下降但无氧呼吸能力上升。

鱼类疲劳后，大西洋鳕（*Gadus morhu*）耗氧率需要 1.5 h 才能恢复到日常耗氧率附近（Reidy et al.，1995），红大马哈鱼（*Oncorhynchus nerka*）耗氧率需要 1 h 才能恢复到日常耗氧率附近（Lee et al.，2003a）。本小节中的 3 组实验的恢复时间相近。恢复时间的长短对过鱼设施设计中的休息池设置可能有一定影响。

Jones（1982）报道称鲤科鱼类仅利用有氧呼吸供能（红肌纤维收缩提供推进力）的话，游泳速度仅可能达到其 U_{crit} 的 30%～50%。然而，Rome 等（1984）利用肌电图分析得到鲤（*Cyprinus carpio*）的白肌在其游泳速度达到 80%U_{crit} 时才开始供能。本小节研究显示，三组测试的草鱼幼鱼的白肌纤维在 28.3%～40.2%U_{crit} 时就开始了供能。本小节研究结果和 Jones（1982）研究结果类似。虽然白肌纤维有着更高的收缩率，但随着鱼类获取更高游泳速度时，体内也积累了较多乳酸（Rome et al.，1990）。若鱼类在通过过鱼设施时积累过多乳酸，则会对鱼类后期生存能力产生影响，因而过鱼设施设计需考虑鱼类过量使用无氧呼吸高速运动并形成乳酸积累的问题。

EPOC 和 U_a 均与禁食时间的 log 对数形成线性相关关系。虽然前文相关数据图上仅 3 个平均值数据点，但方程相关性较高（R^2=0.972 和 0.986，P=0.076 和 0.053）。从组 1 到组 3，虽然 U_{crit} 下降，但是 EPOC 和 U_a 上升，由上一段落分析可推测，这可能和鱼体内的乳酸变化有关。在今后与本小节研究该部分内容相关的研究中，应该设置更多实验组，因而才可提高本部分内容分析图的数据点的量，从而能更好地分析出变化趋势的规律，本小节研究所发现的 log 对数关系，可为今后相关研究提供参考。

本小节中 3 组实验草鱼幼鱼均在 1 bl/s 游泳速度时的 COT 最高，这可能是由此时日常耗氧（即耗能）占总能量消耗的较大占比造成（Brill，1987）。在前文 COT 和 U_{opt} 数据图中，3 组测试的 U_{opt} 分别为 10.0 bl/s（组 1）、7.3 bl/s（组 2）、4.6 bl/s（组 3），说明此时鱼类游泳消耗的能量相对最低，在鱼类洄游中以此游泳速度前进则利于鱼类节能，但需要注意的是，本小节的游泳速度并不是鱼类的前进速度，即对地速度为 0，而在鱼类洄游时的情况又与本研究有所不同，需要区别其相互关系。Castro-Santos（2005）发现，当水流速度超过鱼类 U_{crit} 时，若鱼类暂未疲劳，那么鱼类则会优先选择穿越水流障碍而不会优先选择以节能方式运动。当人们获取了鱼类的 U_{opt} 后，可帮助跟踪洄游中的鱼类（Weihs，1973）。因此当定位了鱼类的位置后，可将 U_{opt}（和水流速度）输入定位跟踪系统，可辅助跟踪鱼类移动路线。但需要注意的是，正如本小节所述摄食对游泳能力的影响，在自动跟踪系统暂无法判断鱼类何时摄食时，这也会影响跟踪系统的工作效率和准确性。

前文 U_{opt} 图已述，随着禁食时间（log 转换）的推移，U_{opt} 下降（R^2=0.999，P=0.012）。由于草鱼幼鱼具有索饵洄游习性，U_{opt} 下降则会对其洄游造成较大影响。考虑 EPOC 和 U_a 也和禁食时间（log 转换）有着相关关系，又由于代谢情况及游泳能力影响了 U_{opt}，因而 U_{opt} 和禁食时间（log 转换）呈现线性相关关系也是容易认可的。

4. 小结

本小节以湖北宜昌某鱼池提供的草鱼幼鱼（体长 9.8～13.2 cm，体重 17.6～37.6 g）为研究对象，利用 Brett 式鱼类游泳特性研究装置，研究了不同禁食时间条件下（组 1：禁食 6 h；组 2：禁食 2 d；组 3：禁食 2 周）的鱼类游泳特性。①鱼类耗氧率和游泳速度呈现指数函数关系。游泳速度的指数（c）依次分别为 1.46、1.23、1.91，说明鱼类摄食后直至完成食物消化过程中游泳效率先增大，然后随着禁食的继续，游泳效率减小。②运动疲劳后的过量耗氧率（EPOC）呈现轻微增大趋势，耗氧恢复到日常耗氧率大约需要 1～1.5 h。③无氧呼吸出现时间大约在 28.3%～40.2% U_{crit} 范围的时候，并且随着禁食时间加长，无氧呼吸出现的相对时间有推迟的趋势。④最佳（节能）游泳速度（U_{opt}）和临界游泳速度（U_{crit}）均出现减小趋势。

4.3 运 动 疲 劳

4.3.1 概述

现今国内外已存在一定数量的鱼类游泳特性的研究报道，大多是重点考虑水温、水流、鱼规格对游泳特性的影响，在国内过鱼设施设计中鱼类游泳特性研究也大多是仅考虑水温、流速、鱼规格对游泳能力的影响。国内鱼类运动疲劳对游泳特性的影响研究报道相对不多，实际过鱼设施设计案例中，更是未见相关应用。作者经过近年来文献调研和实际研究发现并推测，这些影响因素很可能也是当今过鱼设施高效运行的重要制约因素。

过鱼设施进口和池室间过鱼孔的流速较大，鱼类通过过鱼设施时，不可避免需要使用爆发游泳速度和临界游泳速度上溯。当鱼类在通过设计欠佳的过鱼设施时，鱼类不可避免地会反复表现出运动疲劳状态并且其游泳特性受到改变，使其无法通过整个过鱼设施（Cai et al.，2019）。Jain 等（1998）和蔡露等（2013）分别报道大马哈鱼（*Oncorhynchus nerka*）和齐口裂腹鱼（*Schizothorax prenanti*）运动疲劳后，其游泳能力快速下降。文献资料表明：溶氧水平、温度、食物营养、鱼类健康程度等因素都会影响鱼类力竭运动后疲劳恢复能力（Wagner et al.，2004；Farrell et al.，1998）。

4.3.2 不同游泳速度下的运动疲劳对中华鲟游泳特性的影响

中华鲟[*Acipenser sinensis*，鲟科，国家一级保护动物，世界自然保护联盟濒危物种红色名录极危物种（CR）]，现今分布于长江中下游及黄海、东海沿岸一带，为溯河洄游的鱼类（Wei et al.，2004，1997），其洄游距离可达 3200 km。虽然中华鲟人工繁殖技术取得了一定成效（危起伟 等，2013；郭柏福 等，2011），但由于各种人类活动（如修建大坝、滥捕鱼类资源和排放污染水体）使得中华鲟野生种群资源量急剧下降（Wang et al.，2013；Turvey et al.，2010；Hu et al.，2009；Xie et al.，2007；Xie，2003）。相比较其他鱼类（包括其他鲟鱼），中华鲟的性成熟期较晚、个体产卵时间间隔长、产卵量较低（He et al.，2013；Pikitch et al.，2005）。虽然野生中华鲟的寿命大约为 50～60 年，但其个体在生命周期中仅产卵大约 3～4 次，且其幼鱼存活率可能低于 1%。

1. 材料与方法

本小节鱼类样本为三峡集团中华鲟研究所提供的人工繁殖的中华鲟幼鱼。鱼类规格为体长 9.5～11.4 cm，体重 6.8～10.8 g。实验前每天 8：00 饱足投喂水蚯蚓。饲养水源为自循环杀菌及曝气系统水源。测试前和测试过程中的水温均为自然水温（19±1）℃，水体溶氧大于 7.0 mg/L，氨氮和硝氮含量分别低于 0.050 mg/L 和 0.007 mg/L。鱼类测试前禁食 48 h，从而排除特殊代谢活动（如消化等）对实验产生的干扰（Herrmann & Enders，2000）。实验所用仪器为 2.2.2 小节中的图 2.5 循环式游泳呼吸仪。测试时利用溶氧仪（Hach HQ30d，USA）测量装置内的溶氧和水温。

首先测试鱼类体长和体重，并让每尾鱼在 0.5 bl/s 流速条件下适应 1 h，然后每尾鱼将经历三个阶段：①固定流速下的游泳测试，直到鱼类运动疲劳；②30 min 的恢复休息期（0.5 bl/s 流速条件下）；③再利用递增流速法测试（Brett，1964），直到鱼类运动疲劳即可结束测试。

固定流速测试：每尾鱼逐一测试。测试鱼分为 6 组，其中组 1～组 5 需要进行固定流速法测试，组 0 不进行固定流速测试（但进行 30 min 的休息和递增流速测试）。组 1～组 5 的鱼分别在 3.0 bl/s、3.5 bl/s、4.0 bl/s、4.5 bl/s 和 5.0 bl/s 水流速度下进行游泳运动直至鱼类运动疲劳（判定标准：鱼抵网并且无法游动）。

当鱼运动疲劳后，流速调至 0.5 bl/s，此时鱼类进入 30 min 的恢复休息期。随后进行递增流速测试。

递增流速测试：每尾鱼逐一测试，将鱼放入装置内，初始流速设置为 0.5 bl/s，流速梯度为 0.5 bl/s，时间梯度为 20 min。当鱼运动疲劳（判定标准：鱼抵网并且无法游动）后完成实验。处理本阶段测试数据可得到鱼类在特定流速下的持续游泳时间及临界游泳速度（U_{cirt}）。U_{cirt} 的计算公式为 $U_{crit}=U_p+（t_f/t_i）×U_t$（Brett，1964），其中 U_p（bl/s）表示鱼所能游完的整个测试时间周期时的游泳速度，U_t（bl/s）表示速度梯度，t_f（min）表示鱼最后一次增速至鱼类疲劳时所经历的时间，t_i（min）表示时间梯度。

所有数据均以平均值±标准误（mean±SE）表示，统计学比较方法采用单因素方差分析（ANOVA Fisher LSD），数据处理软件使用绘图及统计分析软件 Origin。本小节分析所展示的数学模型均由赤池信息量准则（AIC）检验筛选得来（Hurvich & Tsai 1989；Akaike，1987），该方法被广泛应用于小样本量的行为生态学研究中的模型筛选（Burnham et al.，2011）：$AIC_c=n×\log（RSS/n）+2k+2k（k+1）/（n-k-1）$，其中 RSS 为拟合方程的残差平方和，$n$ 为样本量，k 为拟合方程的拟合值常数的数量，该方程可以有效避免数据被过度拟合，并且可以对不同方程进行比较直观的量化比较，方程 AIC_c 数值越小，拟合方程相对越优良。

固定流速法测试中，鱼类游泳（忍耐）时间（T_e，min）和游泳速度（U）的相关关系可用如下方程拟合：

$$\log T_e = a + bU$$

其中：a，b 为拟合常数。

鱼类游泳距离（D，bl）和游泳速度（U）的相关关系可用如下方程拟合：

$$D = a + bU$$

其中：a 和 b 为拟合常数。

鱼类临界游泳速度的恢复率（R）用来评价鱼类在运动疲劳后受到的游泳能力的影响大小。R 越低，意味着运动疲劳带来的影响越大。R 可用如下方程表达（Farrell et al.，1998）

$$R = U_{crit} / U'$$

其中：U_{crit} 为组 1～组 5 的临界游泳速度；U' 为组 0 的临界游泳速度。

2. 实验结果

测试用鱼的样本量、体长、体重和临界游泳速度、恢复率详见表 4.5。对照组组 0 的 U_{cirt} 为（4.32±0.30）bl/s，5 组实验组中仅有组 1 的 U_{cirt} 相对于对照组组 0 的 U_{cirt} 具有显著性差异（$P<0.05$）。从组 1 开始到组 5，U_{cirt} 从（2.88±0.15）bl/s 升高至（3.64±0.28）bl/s，R 从 66.7%±3.4%升高至 84.3%±6.4%。组 1～组 5 两两组别之间的 U_{cirt} 和 R 均没有显著性差异。

表 4.5　三个阶段中的中华鲟幼鱼的规格、临界游泳速度和恢复率（Fang et al.，2017）

组	0	1（3 bl/s）	2（3.5 bl/s）	3（4 bl/s）	4（4.5 bl/s）	5（5 bl/s）
样本量	7	7	7	7	7	5
体长/cm	10.7±0.2	10.1±0.2	10.4±0.3	10.6±0.3	10.1±0.2	10.4±0.4
体重/g	9.8±0.8	8.4±0.5	9.1±0.9	8.6±0.6	8.3±0.5	9.5±0.6
U_{crit}/（m/s）	0.46±0.04[a]	0.29±0.01[b]	0.36±0.03[ab]	0.38±0.03[ab]	0.36±0.03[ab]	0.38±0.03[ab]
U_{crit}/（bl/s）	4.32±0.30[a]	2.88±0.15[b]	3.51±0.28[ab]	3.58±0.30[ab]	3.62±0.24[ab]	3.64±0.28[ab]
R	—	66.7±3.4%	81.3±6.4%	82.8±7.0%	83.8±5.6%	84.3±6.4%

表 4.5 中，每行数据的右上角字母若不相同，则表示组别之间具有显著性差异（$P<0.05$）。

实验鱼游泳（忍耐）时间和实验鱼游泳速度呈现负相关关系：$\log T_e = 3.90 - 0.64U$（$R^2=0.769$，$P<0.05$），见图 4.13 所示。

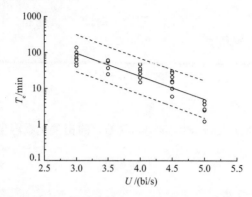

图4.13　实验鱼忍耐时间（T_e）和游泳速度（U）之间的相关关系（Fang et al.，2017）

实线为拟合方程 $\log T_e = 3.90 - 0.64U$，$R^2=0.769$，$P<0.05$，虚线为实线对应的95%预测区间

实验鱼游泳距离（D）和实验鱼游泳速度（U）呈现负相关关系：$D = 33\,208 - 6\,418U$（$R^2=0.637$，$P<0.05$）（图4.14）。

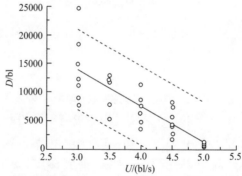

图4.14　实验鱼游泳距离（D）和游泳速度（U）之间的相关关系

实线为拟合方程 $D = 33\,208 - 6\,418U$，$R^2=0.637$，$P<0.05$，虚线为实线对应的95%预测区间

3. 讨论

中华鲟幼鱼临界游泳速度为（4.32±0.30）bl/s。表4.6展示了部分鲟科鱼类的 U_{crit}，其中高首鲟（*Acipenser transmontanus*）幼鱼具有最大的 U_{crit}，中华鲟幼鱼次之。这可能与这两种鱼的体长较小有关，一般来说鱼类相对 U_{crit} 和鱼类体长呈现负相关关系（Brett，1964）。

表4.6　部分鲟科鱼类幼鱼临界游泳速度 U_{crit}

鱼种	长度/cm	温度/℃	U_{crit}/(bl/s)	参考文献
A. transmontanus	8.0±0.4 (tl±SE)	18	4.6±0.2 (mean±SE)	Verhille 等（2014）
A. sinensis	9.5~11.4 bl	19	4.3±0.3 (mean±SE)	Fang 等（2017）
A.medirostris	~12（tl）	19	~3.9	Allen 等（2006）
A. ruthenus	13.7±0.3（bl±SE）	15	3.4±0.2 (mean±SE)	Mandal 等（2016）

续表

鱼种	长度/cm	温度/℃	U_{crit}/(bl/s)	参考文献
A. baerii	13.9±0.2（bl±SE）	20	3.3±0.1（mean±SE）	Cai 等（2015）
A. brevirostrum	7.1±0.4（tl±SD）	15	~3.5	Deslauriers & Kieffer（2012）
Scaphirhynchualbus	17.8（mean bl）	20	2.0（mean）	Adams 等（2003）
A.fulvescens	15（mean tl）	14	1.7（mean）	Peake 等（2005）
A. oxyrinchus	14.0±1.4（fl±SD）	21	1.5±0.7（mean±SD）	Wilkens 等（2015）

注: bl, 体长; fl, 叉长; tl, 全长

本小节中 R 展示了鱼类在不同运动速度和时间下的恢复率, 从组 1 到组 5, R 从 66.7%±3.4%到 84.3%±6.4%。组 1 的 U_{crit} 和组 0 具有显著性差异, 但是组 2~组 5 中的任何一组和其他组之间没有显著性差异。组 1~组 5 两两组别之间的 R 均没有显著性差异。这说明较长时间的较低游泳速度造成的运动疲劳（组 1）, 比较短时间的较高速度游泳造成的运动疲劳（组 2~组 5）, 对中华鲟幼鱼后续的游泳能力的影响更大, 这一点同 Cai 等（2019）报道的硬刺松潘裸鲤研究结果类似。较高游泳速度下的鱼类往往利用白肌进行更多的无氧运动, 体内积累了更多的乳酸, 但由于此情况下体内 ATP 和磷酸肌酸供应不足而相对较快地使鱼类产生运动疲劳, 其体内糖原等能量来源并未过多的消耗; 而较低游泳速度下的鱼类则主要利用红肌进行长时间的有氧呼吸供能, 体内糖原等能量来源产生了更多的消耗（Marras et al., 2013; Rome et al., 1990）。因而在这两种运动疲劳原因下, 鱼类后续的游泳能力产生了差异, 即表现为不同运动疲劳情况下的恢复率差异。

Brauner 等（1994）报道银大马哈鱼（*Oncorhynchus kisutch*）幼鱼在运动疲劳后 2 h 仍无法恢复其原有游泳能力。Jain 等（1998）报道红大马哈鱼（*Oncorhynchus nerka*）成鱼在运动疲劳后 40 min 即可恢复到原有游泳能力的 98%, 但虹鳟（*Oncorhynchus mykiss*）则至少需要 70 min 才能达到红大马哈鱼的恢复程度。本小节中华鲟幼鱼在 30 min 内的恢复率为 66.7%~84.3%。

本固定流速测试中, 随着鱼类游泳速度的增大, 鱼类的游泳（耐受）时间下降, 这是因为较高速度的游泳主要是依附于鱼类无氧呼吸供能, 但无氧呼吸供能无法持久。几乎所有的动物（包括鱼类）, 均有上述特点（Castro-Santos, 2005; Weihs, 1973）。在固定流速测试中, 湖鲟（*Acipenserfulvescens*）、中华鲟（*Acipenser sinensis*）和密苏里铲鲟（*Scaphirhynchus albus*）比高首鲟（*Acipenser transmontanus*）拥有更优异的游泳能力（表 4.7）。鲟鱼洄游习性数据显示: 大多数高首鲟种群均不具有洄游习性, 而湖鲟、中华鲟和密苏里铲鲟大多数种群则具有洄游习性（Kynard et al., 2002; Billard & Lecointre 2001; Auer 1996）, 这说明洄游习性可能和鱼类游泳能力呈一定相关关系。从表 4.7 还可以看出, 高首鲟和密苏里铲鲟的游泳能力均随着温度的下降而下降。

表 4.7 部分鲟科鱼类固定流速下的游泳能力

鱼种	长度/cm	温度/℃	耐力/（m/s & min）	参考文献
A. transmontanus	8.2～9.1（tl）	18～22	0.3，4 0.4，1 0.5，0.4	Boysen & Hoover（2009）
A. sinensis	9.5～11.4（bl）	19	0.32±0.01，77.9±12.5 0.36±0.02，51.3±5.4 0.42±0.02，29.7±4.0 0.46±0.01，17.9±3.3 0.52±0.02，2.9±0.6	Fang 等（2017）
A. fulvescens	12.0～15.7（fl）	19～23	0.4，200 0.5，2	Smith（2006）
	15.0（tl）	14	0.3，9 0.4，3 0.5，1	Peake 等（1997）
Scaphirhynchualbus	12.2～15.0（fl）	19～23	0.3，110 0.4，21 0.5，7	Hoover 等（2011）
	13.0～16.8（fl）	17～20	0.3，1.1 0.4，0.4 0.5，0.2	Adams 等（1999）

4. 小结

本小节以三峡集团中华鲟研究所人工繁殖的中华鲟幼鱼（体长 9.5～11.4 cm，体重 6.8～10.8 g）为研究对象，利用鱼类游泳特性研究装置，研究了不同游泳速度下中华鲟幼鱼运动疲劳后的游泳特性。结果表明：①中华鲟幼鱼临界游泳速度为（4.32±0.30）bl/s；②较高和较低游泳速度造成的运动疲劳对游泳能力的影响具有显著性差异；③鱼类游泳（忍耐）时间和游泳距离均分别和鱼类游泳速度呈负相关关系。

4.3.3 短期内反复运动疲劳对中华鲟幼鱼游泳特性的影响

1. 材料与方法

本小节鱼类样本为三峡集团中华鲟研究所提供的人工繁殖的中华鲟幼鱼。鱼类规格为体长（10.89±0.11）cm，体重（8.38±0.27）g，平均值±SE。实验前每天8:00 饱足投喂水蚯蚓。饲养水源为自循环杀菌及曝气系统水源。测试前和测试过程中的水温均为自然水温（19.3～20.8℃），水体溶氧大于 7.0 mg/L，氨氮和硝氮含量分别低于 0.050 mg/L 和 0.007 mg/L。鱼类测试前禁食 48 h，从而排除特殊代谢活动（如消化等）对实验产生的干扰（Herrmann & Enders，2000）。实验所用仪器为 2.2.2 小节中的图 2.5 循环式游泳呼吸仪。测试时利用溶氧仪（Hach HQ30d，USA）测量装置内的溶氧和水温。

递增流速测试：每尾鱼逐一测试，测试开始前，测量其体长和体重，然后将鱼放入装置内，调整装置流速为 0.3～0.5 bl/s，适应整晚，第二天开始测试时，初始流速设置为 0.5 bl/s，流速梯度为 0.5 bl/s，时间梯度为 20 min。每 5 min 测试一次溶氧和温度。当鱼运动疲劳（判定标准：鱼抵网并且无法游动）后，流速调至 0.5 bl/s，让鱼在此条件下休息恢复，并在此期间利用潜水泵更换装置内实验用水。30 min 后，再以上述初始流速和流速梯度方法进行测试直至疲劳并再休息 30 min，以此往复，每尾鱼总计进行 4 次递增流速测试。处理本阶段测试数据可得到鱼类临界游泳速度（U_{cirt}）（通过鱼类游泳速度和游泳时间的计算方法推算得到）、耗氧率（M_{O_2}）。

所有数据均以平均值±标准误差（mean±SE）表示，统计学比较方法采用单因素方差分析（ANOVA Fisher LSD），数据处理软件使用绘图及统计分析软件 Origin。本小节研究分析所展示的数学模型均由赤池信息量准则（AIC）检验筛选得来（Hurvich & Tsai，1989；Akaike，1987），该方法被广泛应用于小样本量的行为生态学研究中的模型筛选（Burnham et al.，2014）：$AIC_c = n \times \log(RSS/n) + 2k + 2k(k+1)/(n-k-1)$，其中 RSS 为拟合方程的残差平方和，$n$ 为样本量，k 为拟合方程的拟合值常数的数量，该方程可以有效避免数据被过度拟合，并且可以对不同方程进行比较直观的量化比较，方程 AIC_c 数值越小，拟合方程相对越优良。

U_{cirt}：计算公式为 $U_{crit} = U_p + (t_f/t_i) \times U_t$（Brett，1964），其中 U_p（bl/s）表示鱼所能游完的整个测试时间周期时的游泳速度，U_t（bl/s）表示速度梯度，t_f（min）表示鱼最后一次增速至鱼类疲劳时所经历的时间，t_i（min）表示时间梯度。U_{cirt} 下降量记为 $\Delta_{U_{cirt}} = U_{crit, N+1} - U_{crit, N}$，$U_{cirt}$ 恢复率记为 $R_{U_{cirt}} = U_{crit, N+1}/U_{crit, N}$，其中 N 为第 N 次测试。

耗氧率记为 M_{O_2}，鱼类在 0.5 bl/s 速度下的耗氧率记为日常耗氧率 $M_{O_2 routine}$，鱼类在本测试期间发生的最大耗氧率记为 $M_{O_2 max}$。鱼类有氧呼吸范围记为 $AS = M_{O_2 max} - M_{O_2 routine}$，该数值与鱼类潜在的能量利用能力有关（Killen et al.，2012）。

每尾鱼的 4 次测试过程中，每次运动疲劳前，M_{O_2} 和 U 的相关关系用方程表达（Behrens，2006）：$M_{O_2} = a + bU^c$，其中 a，b 和 c 是方程的拟合值，c 也称游泳速度指数。活动耗氧量（active oxygen consumption，AOC）表示在一定时间内有氧运动过程中耗氧量与日常耗氧量的差异，该值可通过 M_{O_2} 曲线在 $M_{O_2 routine}$ 线上的投影面积计算得到。每尾鱼的 4 次测试过程中，每次运动疲劳后，M_{O_2} 和 t 的相关关系可用方程表示：$M_{O_2} = a + be^{ct}$ 或 $M_{O_2} = e^{a+bt+c(t \times t)}$，其中 a，b 和 c 是方程的拟合值，e 为自然对数。

运动疲劳后过量耗氧（EPOC，mgO_2/kg）和无氧呼吸启动时对应的游泳速度（onset of anaerobic respiration，U_a）的计算方法可详见 4.2.2 小节。

2. 实验结果

实验所用中华鲟在 4 次测试之间均有一定的休息恢复时间，但中华鲟 U_{cirt} 仍然呈现下降趋势（图 4.15），4 次测试 U_{cirt} 分别为（4.34±0.18）bl/s，（3.77±0.20）bl/s，（3.27±0.22）bl/s，（2.98±0.26）bl/s。U_{cirt}（bl/s）和测试次数 N 的相关关系可用线性函数表达：$U_{cirt}=4.76-0.47N$（$F=118$，$P=0.00836$，$R^2=0.975$）。4 次测试之间的 $\varDelta_{U_{cirt}}$ 和 $R_{U_{cirt}}$ 分别为 0.57、0.50、0.29 bl/s 及 86.9%、86.7% 和 91.1%。

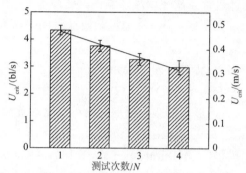

图 4.15　连续 4 次测试条件下中华鲟幼鱼临界游泳速度（U_{cirt}）变化（Cai et al.，2014）

中华鲟耗氧相关结果见表 4.8。4 组测试的 $M_{O_2\,outine}$ 差异不显著（$F=0.392$，$P=0.759$），4 组测试的 $M_{O_2\,max}$ 差异也不显著（$F=1.050$，$P=0.390$），但 4 组 $M_{O_2\,routine}$ 值类似（平稳波动），而 $M_{O_2\,max}$ 和 AS 一样均呈现下降趋势。U_{crit}（bl/s）和 AS [mgO$_2$/(kg·h)]相关关系（图 4.16）可用指数函数表示：$U_{crit}=2.784\,48+0.001\,14e^{0.224AS}$

表 4.8　中华鲟幼鱼耗氧状况（Cai et al.，2014a）

组	$M_{O_2\,routine}$/[mgO$_2$/(kg·h)]	$M_{O_2\,max}$/[mgO$_2$/(kg·h)]	AS/[mgO$_2$/(kg·h)]	AOC/(mgO$_2$/kg)	EPOC/(mgO$_2$/kg)
1	266.60±30.94	598.80±40.55	332.20	1 175.48	35.70
2	231.51±33.10	532.51±35.06	301.00	625.67	31.51
3	241.40±20.70	512.65±26.07	271.25	458.38	29.99
4	263.81±22.50	492.37±68.45	228.56	341.34	21.57

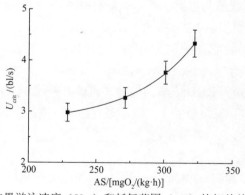

图 4.16　中华鲟幼鱼临界游泳速度（U_{crit}）和耗氧范围（AS）的相关关系（Cai et al.，2014）

（F=1882，P=0.00163，R^2=0.998）。

M_{O_2}[mgO$_2$/(kg·h)]和U(bl)的相关关系见表4.9。游泳速度指数c（分别为1.20、1.70、1.71、1.42）先上升后下降。

表 4.9　连续4次测试中中华鲟幼鱼疲劳前的耗氧率（M_{O_2}）和游泳速度（U）的相关关系（Cai et al., 2014）

组	拟合公式	F	P	R^2
1	M_{O_2}=241.8+60.9$U^{1.20}$	1.6×10^6	<0.00001	0.964
2	M_{O_2}=232.7+30.5$U^{1.70}$	0.8×10^6	<0.00001	0.959
3	M_{O_2}=233.7+32.3$U^{1.71}$	6.3×10^6	<0.00001	0.997
4	M_{O_2}=247.1+50.0$U^{1.42}$	8.1×10^6	<0.00001	0.993

图 4.17 展示了中华鲟幼鱼氧代谢变化规律。EPOC 的降低暗示着无氧运动能力的下降，第 4 次测试值的下降程度明显大于之前的下降程度。推测在较低游泳速度时中华鲟幼鱼就开始进行无氧呼吸（即绝对的 U_a 分别为 1.82 bl/s、1.79 bl/s、1.64 bl/s、1.57 bl/s，呈下降趋势），但由于 U_{crit}（bl/s）是显著下降的，相对的 U_a 分别为 41.94%、47.48%、50.15%、52.68%，呈上升趋势。疲劳后 M_{O_2} 和休息时间 t 的相关关系见表4.10。

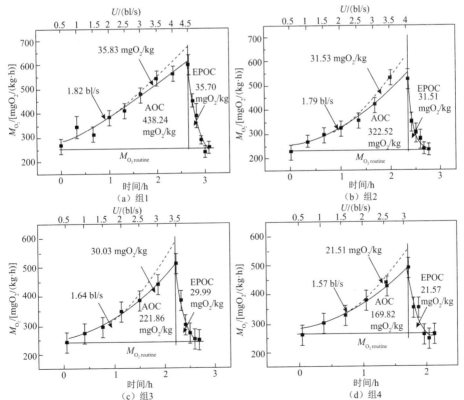

图 4.17　连续 4 次测试条件下中华鲟幼鱼的耗氧率（M_{O_2}）变化（Cai et al., 2014a）

表 4.10　连续 4 次测试中华鲟幼鱼疲劳后的耗氧率（M_{O_2}）和休息时间（t）的相关关系（Cai et al.，2014）

组	拟合公式	F	P	R^2
1	$M_{O_2} = 211.6 + 8.8 \times 10^9 e^{-6.35t}$	0.5×10^6	<0.00001	0.968
2	$M_{O_2} = 235.0 + 1.6 \times 10^{12} e^{-9.61t}$	1.1×10^6	<0.00001	0.979
3	$M_{O_2} = e^{36.1 - 25.9t + 5.5t^2}$	8.5×10^6	<0.00001	0.998
4	$M_{O_2} = e^{24.8 - 18.9t + 4.6t^2}$	0.4×10^6	<0.00001	0.837

3. 讨论

鲟科鱼类幼鱼（如短吻鲟 *Acipenser brevirostrum* 和施氏鲟 *Acipenser schrenckii*）的 U_{crit} 通常为 2~3 bl/s 附近（Cai et al.，2013；Deslauriers & Kieffer，2012）。但本小节中中华鲟幼鱼 U_{crit} 高于上述范围，说明中华鲟幼鱼拥有相对较高的游泳能力。连续 4 次运动测试发现中华鲟幼鱼 U_{crit} 呈现较高相关性的线性下降趋势（R^2=0.975），$\Delta_{U_{crit}}$ 分别为 0.57 bl/s、0.50 bl/s、0.29 bl/s，但恢复率呈现一定程度的回升，$R_{U_{crit}}$ 分别为 86.9%、86.7%、91.1%。这与大马哈鱼（*Oncorhynchus nerka*）在休息恢复 1 h 后的 U_{crit} 恢复率 85% 类似（Jain et al.，1998）。考虑到运动疲劳后 U_{crit} 会下降，因而在设计过鱼设施流速时，建议上游端的流速小于下游端的流速。

4 组测试的 $M_{O_2\,routine}$ 变化不大，各组数值结果比较平稳，说明运动疲劳并休息半小时后，对鱼类的日常耗氧影响较小。虽然 4 组测试的 $M_{O_2\,max}$ 变化也不大，但却呈现了下降趋势。$M_{O_2\,routine}$ 和 $M_{O_2\,max}$ 的变化趋势导致了 AS 呈现下降趋势，这种趋势和 U_{crit} 变化趋势一致。AS 和 U_{crit} 呈现指数相关关系。

游泳速度指数（c）和鱼类游泳效率呈现负相关关系（Tu et al.，2012）。本小节的首次测试中 c 为 1.20，这和高首鲟（*Acipenser transmontanus*）、湖鲟（*Acipenser fulvescens*）、施氏鲟（*Acipenser schrenckii*）的情况类似（Cai et al.，2013；Peake，2005）。这 4 种鲟鱼同属一科，亲缘关系十分接近，因而其生物学指标也类似（Billard & Lecointre，2001），从而使得游泳能力某些指标参数类似也是正常情况。首次测试后，在后面的连续 3 次测试中，c 变化趋势并不一致（后 3 次测试中的 c 分别为 1.70、1.71、1.42）。有文献报道了鱼类形态学对游泳效率会产生一定影响（Ohlberger et al.，2006；Pettersson & Hedenstrom，2000）。本小节中每尾鱼的 4 次测试时的形态学参数是几乎一致的，鱼类并未受到外伤，且每尾鱼的 4 次测试时研究用水的水温也非常接近，其他环境因素也尽可能地保持一致。因而可以推断，重复的运动疲劳及休息周期对本小节中未详细测量的鱼类生理学功能产生了影响。有研究表明不同鱼类有着不同的游泳策略（Castro-Santos et al.，2013；Castro-Santos，2005），但对于运动疲劳条件下的鱼类游泳策略还需进一步深入研究。在第一次测试时，鱼类游泳效率较高，但第二和第三次测试时游泳效率较低,当第 4 次测试时,游泳效率有一定回升。

在鱼类测试的休息恢复期间,通常可利用公式 $M_{O_2}=a+be^{ct}$ 拟合耗氧率与时间的相关关系(Cai et al.,2013;Lee et al.,2003a),并有利于推测递增流速法测试过程中鱼类无氧呼吸的出现时间(Lee et al.,2003a)。本小节中的测试组 1 和组 2 均可较好地完成上述拟合,但组 3 和组 4 并不能利用上述公式进行很好地拟合,然而,在进行多次试探各种拟合公式后,并利用 AIC 准则进行分析甄别,最终选择用 $M_{O_2}=e^{a+bt+c\,(t\times t)}$ 来拟合组 3 和组 4 的耗氧率与时间之间的相关关系。

鱼类运动疲劳后,需要一定的休息恢复时间才能重获其较高的游泳能力(Webber et al.,2007),EPOC 反映了鱼类运动疲劳后过量耗氧变化趋势,EPOC 与鱼类疲劳后的恢复能力(恢复速度)呈负相关关系(Lee et al.,2003a),因而推测 EPOC 对过鱼设施休息池的设置可能有一定参考意义。本小节研究测得第一次测试中 EPOC 为 35.7 mg/kg,该值比大马哈鱼小,但和施氏鲟(*Acipenser schrenckii*)类似,说明中华鲟幼鱼和施氏鲟幼鱼均具有较高的恢复能力。需要注意的是,随着多次运动疲劳的进行,从组 1 到组 4 的 EPOC 呈现下降趋势,这似乎意味着恢复能力的上升。但由于 U_{crit} 和 AS 也有一定程度下降,并且 AOC 下降了 70%,因此 EPOC 的含义可能是有条件限制的,EPOC 并不能直接用于比较本小节研究过程中的 4 组测试恢复能力的变化。

EPOC 和无氧呼吸有明显相关关系,EPOC 越小,无氧呼吸能力越小(Lee et al.,2003a)。本小节研究中 EPOC 下降意味着多次运动疲劳降低了中华鲟无氧呼吸的能力。4 次测试中,无氧呼吸出现时间呈现出提前的趋势,并且对到达 U_{crit} 时所提供的能量逐渐减少,所占的相对贡献百分比增多。中华鲟运动速度达到 U_{crit} 所利用的能量主要来自于有氧呼吸,有氧呼吸耗氧率下降是致使 U_{crit} 下降的主因。有研究表明大马哈鱼在通过过鱼设施时主要是利用了有氧呼吸供能(Pon et al.,2009),这和本实验的结果相似。

有氧代谢产能所提供的推进力通常是由红肌纤维来完成,而白肌纤维主要进行的是无氧呼吸供能完成肌肉收缩从而产生推进力,进而获得较高的游泳速度(Marras et al.,2013;Rome et al.,1990)。虽然有报道称鲤科鱼类的游泳速度在达到 30%~50% U_{crit} 时(也即开始进行无氧代谢时候的鱼类游泳速度 U_a)就会开始使用无氧呼吸进行供能(Jones,1982),但是不同鱼种的有氧呼吸供能能力仍然会有一定差异(Svendsen et al.,2010;Lee et al.,2003a;Jones,1982)。本小节的 4 次测试中,中华鲟幼鱼 U_a 为 41.9%~52.7% U_{crit}(相对值),这些数值有些处于上述鲤科鱼类范围值的较高区域,有的超过了上述范围上限,但总体来说差异并不大,因此可能说明中华鲟和上述鲤科鱼类无氧呼吸启动时间的运动策略相似。另外,从 U_a 绝对值变化趋势来看(1.82 bl/s,1.79 bl/s,1.64 bl/s,1.57 bl/s),随着运动疲劳恢复的进行,白肌纤维进行无氧呼吸提供的推进力首次发生时间呈现出逐步提前趋势，这从侧面说明运动疲劳给中华鲟幼鱼带来了有氧呼吸运动压力，继而迫使其更早地使用无氧呼吸产能来提供推进力。

4. 小结

本小节以三峡集团中华鲟研究所人工繁殖的中华鲟幼鱼[体长（10.89±0.11）cm，体重（8.38±0.27）g，平均值±SE]为研究对象，利用 Brett 式鱼类游泳特性研究装置，研究了连续 4 次运动疲劳后中华鲟幼鱼游泳特性。结果表明：①随着 4 次运动疲劳测试，中华鲟幼鱼临界游泳速度（U_{crit}）从 4.34 bl/s 下降到 2.98 bl/s；②活动耗氧率（AOC）由 1175 mgO_2/kg 下降到 341 mgO_2/kg，这也正是临界游泳速度下降的主要原因；③过量运动后耗氧（EPOC）由 36 mgO_2/kg 下降到 22 mgO_2/kg；④随着 4 次运动疲劳测试，为了能获得高速运动，中华鲟无氧呼吸出现时间提前。中华鲟拥有较高的游泳效率和较强的疲劳后恢复能力。

4.3.4　运动疲劳及短恢复周期对西伯利亚鲟游泳特性的影响

西伯利亚鲟[*Acipenser baerii*，鲟科，世界自然保护联盟濒危物种红色名录濒危物种（EN）]，现今分布于西伯利亚所属流域，在中国、俄罗斯、哈萨克斯坦、蒙古均有分布，该物种有的种群具有半洄游习性（洄游距离 1600～3000 km），而有的种群为定居型（陈细华，2007；Ruban，1997）。各种人类活动（如修建大坝、滥捕鱼类资源和排放污染水体）使得西伯利亚鲟野生种群资源量显著下降（Billard & Lecointre 2001；Wei et al.，1997；Votinov & Kasyanov 1978）。由于西伯利亚鲟的性成熟期较晚、个体产卵时间间隔长、产卵量较低，对该物种进行生态恢复时遇到了重重困难且恢复速度极慢（Pikitch et al.，2005）。有消息称，新疆额尔齐斯河上已被规划了 13 级水电站，如建成，这将严重干扰西伯利亚鲟的洄游，西伯利亚鲟资源量可能会面临更为严峻的挑战。同时，大坝会阻隔大坝上下游该物种种群之间的基因交流，种群基因多样性受到退化的威胁。

1. 材料与方法

本小节鱼类样本为湖北宜昌三江渔业有限公司鲟良种场提供的西伯利亚鲟幼鱼。鱼类规格为体长（13.9±0.2）cm，体重（14.5±0.8）g，平均值±SE。将鱼取回实验室后，放置于玻璃缸内适应 2 周，每天 9：00 按照其体重 5%进行投喂普通商业饲料。利用空气泵向缸内通气。鱼类测试前禁食 48 h，从而排除特殊代谢活动（如消化等）对实验产生的干扰（Harrmann & Enders，2000）。以运动疲劳后恢复休息时长的不同，将 26 尾测试用鱼分为 3 组（组 1：休息 1 h，9 尾；组 2：休息 1 d，9 尾；组 3：休息 1 周，8 尾）。实验所用仪器为 2.2.2 小节中的图 2.5

循环式游泳呼吸仪。

递增流速测试：每尾鱼逐一测试，测试开始前，测量其体长和体重，然后将鱼放入装置内，调整装置流速为 0.5 bl/s，适应 1 h（He et al.，2013；Pang et al.，2013），然后进行正式测试。初始流速设置为 0.5 bl/s，流速梯度为 0.5 bl/s，时间梯度为 20 min。每 5 min 测试一次溶氧和温度。当鱼运动疲劳（判定标准：鱼抵网并且无法游动）后，流速调至 0.5 bl/s 并维持 1 h。然后将鱼移出装置，并休息一段时间（1 h，1 d 或 1 周），再以相同测试流程进行第二次测试。处理本测试数据可得到鱼类临界游泳速度（U_{cirt}）（通过鱼类游泳速度和游泳时间的计算方法推算得到）、耗氧率（M_{O_2}）。

所有数据均以平均值±标准误（mean±SE）表示，统计学比较方法采用单因素方差分析（ANOVA Fisher LSD），数据处理软件使用绘图及统计分析软件 Origin。

U_{cirt}：计算公式为 $U_{crit}=U_p+(t_f/t_i)\times U_t$（Brett，1964），其中 U_p（bl/s）表示鱼所能游完的整个测试时间周期时的游泳速度，U_t（bl/s）表示速度梯度，t_f（min）表示鱼最后一次增速至鱼类疲劳时所经历的时间，t_i（min）表示时间梯度。U_{cirt} 恢复率记为 $R_{U_{cirt}}=U_{crit,\ second\ test}/U_{crit,\ first\ test}$。

耗氧率记为 M_{O_2}，鱼类在 0.5 bl/s 速度下的耗氧率记为日常耗氧率 $M_{O_2\ routine}$，鱼类在本测试期间的发生的最大耗氧率记为 $M_{O_2\ max}$。$M_{O_2\ max}$ 恢复率记为 $R_{M_{O_2}\ max}=U_{M_{O_2}\ max,\ second\ test}/U_{M_{O_2}\ max,\ first\ test}$。

每尾鱼的测试过程中，每次运动疲劳前，M_{O_2} 和 U 的相关关系用方程表达（Behrens et al.，2006）：$M_{O_2}=a+bU^c$，其中 a，b 和 c 是方程的拟合值，c 也称游泳速度指数（speed exponent），每组鱼前后 2 次测试之间 c 的差异 $\Delta c=c_{second\ test}-c_{first\ test}$。每尾鱼的测试过程中，每次运动疲劳后，$M_{O_2}$ 和 t 的相关关系可用方程表示：$M_{O_2}=a+be^{ct}$ 或 $M_{O_2}=a+bt+ct^2+dt^3$，其中 a，b，c 和 d 是方程的拟合值，e 为自然对数。

运动疲劳后过量耗氧（EPOC，mgO_2/kg）的计算方法可详见 4.2.2 小节。每组鱼前后 2 次测试之间 EPOC 的差异 $\Delta EPOC=EPOC_{second\ test}-EPOC_{first\ test}$。

2. 实验结果

三组西伯利亚鲟幼鱼（26 尾）的初次测试得到的 U_{crit} 为（3.26±0.11）bl/s。三组测试鱼的首次测试 U_{crit} 之间未见明显差异（图 4.18）。但是，组 1 的第 2 次 U_{crit}（2.61 bl/s±0.23 bl/s）与其第 1 次测试 U_{crit} 之间有显著差异（$P<0.05$）；组 1 的 $R_{U_{cirt}}$ 为 79%。组 2 的第 2 次 U_{crit}[（3.0±0.14）bl/s]大于组 1 的第 2 次 U_{crit}[（2.61±0.23）bl/s]，但两者差异不显著（$P=0.10$）；组 2 的 $R_{U_{cirt}}$ 为 93%。

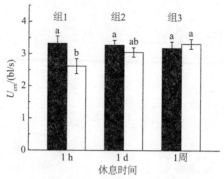

图 4.18　西伯利亚鲟幼鱼临界游泳速度（U_{crit}）的变化（Cai et al.，2015）
实心柱为第 1 次测试，空心柱为第 2 次测试

$M_{O_2\,max}$ 的变化规律与 U_{crit} 变化规律相似。三组测试鱼的第 1 次测试 $M_{O_2\,max}$ 之间未见显著差异（图 4.19）。但是，组 1 的第 2 次测试 $M_{O_2\,max}$ 与其第 1 次 $M_{O_2\,max}$ 之间有显著差异（$P<0.05$）；组 1 的 $R_{M_{O_2}\,max}$ 为 78%。组 2 的第 2 次测试 $M_{O_2\,max}$ 大于组 1 的第 2 次 $M_{O_2\,max}$，但两者差异并不显著（$P=0.13$）；组 2 的 $R_{M_{O_2}\,max}$ 为 88%。所有组次 $M_{O_2\,routine}$ 均未见显著性差异；$M_{O_2\,routine}$ 范围为 $(168.29\pm 12.29)mgO_2/(kg\cdot h)\sim(190.42\pm22.02)mgO_2/(kg\cdot h)$。

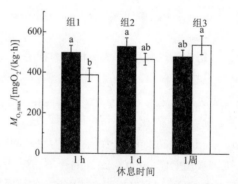

图 4.19　西伯利亚鲟幼鱼最大耗氧率（M_{O_2max}）的变化（Cai et al.，2015）
实心柱为第 1 次测试，空心柱为第 2 次测试

三组鱼的第 1 次测试的运动疲劳之前 M_{O_2} 随 U 的增大而增大，两者的相关关系见表 4.11，该方程中 U 的指数 c 值的变化见图 4.20。组 1 的 Δc 近乎于为组 2 和组 3 的两倍（三组值分别为 0.283、0.131 和 0.145）。

表 4.11　西伯利亚鲟幼鱼的耗氧率（M_{O_2}）和游泳速度（U）的相关关系（Cai et al.，2015）

测试	组 1	组 2	组 3
第一次测试	$M_{O_2}=180+165U^{0.982}$ ($R^2=0.996$，$P<0.05$)	$M_{O_2}=169+184U^{1.028}$ ($R^2=0.981$，$P<0.05$)	$M_{O_2}=167+162U^{0.966}$ ($R^2=0.999$，$P<0.05$)
第二次测试	$M_{O_2}=172+115U^{1.265}$ ($R^2=0.997$，$P<0.05$)	$M_{O_2}=165+128U^{1.139}$ ($R^2=0.998$，$P<0.05$)	$M_{O_2}=181+169U^{1.111}$ ($R^2=0.987$，$P<0.05$)

运动疲劳之后，M_{O_2}随 t 推移而下降，相关关系见表 4.12。三组测试鱼的 EPOC 见图 4.21。第 1 组和第 2 组测试鱼的 ΔEPOC 分别是第 3 组测试鱼的 4 倍和 3 倍（组 1：29.87 mgO₂/kg；组 2：22.01 mgO₂/kg；组 3：6.43 mgO₂/kg）。

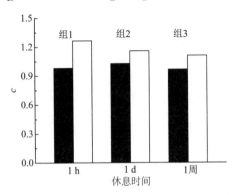

图 4.20　西伯利亚鲟幼鱼耗氧率拟合公式中游泳速度指数（c）的变化（Cai et al.，2015）
实心柱为第 1 次测试，空心柱为第 2 次测试

表 4.12　西伯利亚鲟幼鱼在休息恢复期间的耗氧率（M_{O_2}）和时间（t）的相关关系（Cai et al.，2015）

测试	组 1	组 2	组 3
第一次测试	$M_{O_2}=189+4.00e^{-4.7t}$ ($R^2=0.991$，$P<0.05$)	$M_{O_2}=166+1.73e^{-5.3t}$ ($R^2=0.990$，$P<0.05$)	$M_{O_2}=185+2.61e^{-4.5t}$ ($R^2=0.983$，$P<0.05$)
第二次测试	$M_{O_2}=7141-8526t+3468t^2-469t^3$ ($R^2=0.981$，$P<0.05$)	$M_{O_2}=159+1.42e^{-5.4t}$ ($R^2=0.991$，$P<0.05$)	$M_{O_2}=183+1.15e^{-6.3t}$ ($R^2=0.984$，$P<0.05$)

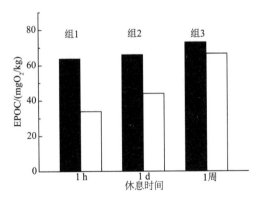

图 4.21　西伯利亚鲟幼鱼运动疲劳后过量耗氧（EPOC）的变化（Cai et al.，2015）
实心柱为第 1 次测试，空心柱为第 2 次测试

3. 讨论

由西伯利亚鲟幼鱼 U_{crit} 变化图可知，运动疲劳会使得西伯利亚鲟幼鱼的游泳能力下降，而随着休息时间的加长其游泳能力可以恢复得更好。有文献指出（实

验温度为 9℃），运动疲劳后休息 1 h，大马哈鱼的 $R_{U_{crit}}$ 约为 85%，且当其休息 1.5 h 时 $R_{U_{crit}}$ 则接近 100%（Jain et al.，1998）。本小节研究中西伯利亚鲟幼鱼运动疲劳后休息 1 h 后（组 1）再次测试所得的 $R_{U_{crit}}$ 为 75%，完全恢复则需要约 1 d（组 2）。西伯利亚鲟这种相对较低和较慢的运动疲劳后游泳能力恢复情况应在过鱼设施设计上得到反映。U_{crit} 是过鱼设施流速设计的重要参考，尽管本小节研究获得了西伯利亚鲟幼鱼在正常情况下（未受到过运动疲劳胁迫时）的 U_{crit}（3.26 bl/s± 0.11 bl/s），但是对经受了运动疲劳及休息恢复周期后带来的游泳能力上的影响仍然了解得不够深入，但这一周期影响过程却是鱼类通过过鱼设施时时常遇到的情况。因而，评价运动疲劳带来的影响，在过鱼设施设计中应该得到更多的关注，并进行更多的深入研究。

$M_{O_2 max}$ 的变化趋势与 U_{crit} 相似，这比较容易理解：由于 $M_{O_2 max}$ 显示出了鱼类利用氧气的能力，且耗氧供能也是支持较高的鱼类游泳速度（例如 U_{crit}）的能量来源。尽管在运动疲劳并休息 1 h 后（组 1），$R_{M_{O_2 max}}$（78%）和 $R_{U_{crit}}$（79%）相似，但在运动疲劳并休息 1 d 后（组 2），$R_{M_{O_2 max}}$（88%）和 $R_{U_{crit}}$（93%）存在略微明显的差别。这可能是由于：①达到 U_{crit} 所需能量不仅由有氧呼吸提供，还有无氧呼吸的贡献（Lee et al.，2003a）；②西伯利亚鲟幼鱼在 1 d 休息条件下（组 2）比在 1 h 休息条件下（组 1），无氧呼吸能力恢复得更好（这点可在后面的 EPOC 段落末尾得到阐明）。

通常可认为游泳速度指数 c 和游泳效率成负相关关系（Tu et al.，2012）。本小节研究中三组西伯利亚鲟幼鱼的第 1 次测试所得 c 均接近 1，这和高首鲟、湖鲟、施氏鲟的情况类似（Cai et al.，2013；Peake，2005）。三组鱼第 1 次测试所得 c 范围为 0.966~1.028，而运动疲劳后第 2 次测得的 c 范围为 1.111~1.265，这说明运动疲劳降低了西伯利亚鲟幼鱼的游泳效率。组 1 的 Δc 近乎于为组 2 和组 3 的两倍，说明运动疲劳后休息 1 h 的游泳效率恢复效果比休息 1 d 和休息 1 周的恢复效果差。并且组 3 的前后 2 次测试结果表明，即便西伯利亚鲟幼鱼休息了 1 周，其游泳效率也未能完全恢复。进而可以推断，运动疲劳对游泳效率产生了长期的（至少 1 周）持续性的影响。尽管如此，其西伯利亚鲟幼鱼在本小节中的游泳效率表现仍然比较好，因为在三组鱼各自的 2 次测试中，c 均接近 1，这说明相对于其他已知鱼类的 c 范围（1.1~3.0）来说（Videler & Nolet，1990），本小节中鱼类的游泳效率始终处于较高水平。这也符合了西伯利亚鲟长距离洄游的实际需求。

尽管运动疲劳后的恢复休息期间的耗氧率通常可由指数函数来模拟（Lee et al.，2003a），但组 1 的第 2 次测试时的休息期间耗氧率并不适合用指数函数来模拟（相关性系数 R^2 较低）。经过多次摸索和尝试发现用 3 次方函数来模拟比较适合。这样的变化意味着运动疲劳对 EPOC 产生了一定影响。

EPOC 曲线/拟合函数可反映鱼类运动疲劳后的耗氧率恢复情况，因而推测其与过鱼设施中的休息池设置有一定关系。EPOC 与无氧呼吸呈正相关关系（Fu et al.，2007；Lee et al.，2003a），三个测试组的第 1 次测试得到的 EPOC 范围为 63.75～73.01 mgO$_2$/kg，第 2 次得到的 EPOC 的范围为 33.88～66.58 mgO$_2$/kg，因此可推测运动疲劳后鱼类的无氧呼吸受到了抑制作用。并且由于组 1 和组 2 的 ΔEPOC 分别是组 3 的 3 倍和 4 倍，可看出如果运动疲劳后休息时间不超过 1 d（即组 2），EPOC 的恢复将不是特别理想。另外，由于组 1 前后 2 次测试的 ΔEPOC 大于组 2，测试鱼在 1 d 休息情况下，比 1 h 休息情况下，无氧呼吸能力的恢复效果更好。

4. 小结

本小节以湖北宜昌三江渔业有限公司鲟良种场提供的西伯利亚鲟幼鱼（体长为 13.9 cm±0.2 cm，体重 14.5 g±0.8 g，平均值±SE）为研究对象，利用 Brett 式鱼类游泳特性研究装置，研究了运动疲劳及不同休息恢复时间后的鱼类游泳特性。①初始状况下，西伯利亚鲟幼鱼临界游泳速度（U_{crit}）为 3.26 bl/s±0.11 bl/s，但运动疲劳后 U_{crit} 降低。②休息恢复 1h 后的 U_{crit} 恢复率（$R_{U_{crit}}$）为 79%；休息 1 d 后，U_{crit} 基本可以完全恢复。最大耗氧率（$M_{O_2 max}$）和 U_{crit} 变化趋势类似。③尽管西伯利亚鲟幼鱼游泳效率较高，但运动疲劳将降低其游泳效率，且运动疲劳会对游泳效率产生持久性影响（至少持续 1 周）。④运动疲劳会降低西伯利亚鲟幼鱼无氧呼吸能力。若运动疲劳后的休息恢复时间少于 1 d，则会对过量快速运动后耗氧（EPOC）产生较大影响。

4.3.5 运动疲劳及长恢复周期对齐口裂腹鱼幼鱼游泳特性的影响

齐口裂腹鱼（*Schizothorax prenanti*，鲤科，俗称雅鱼，四川省保护鱼种），具较大经济价值，广泛分布于长江中上游（包括神农架林区）。最大体重为 4.0～5.0kg，通常栖息于清澈水域的急缓交界处，在春秋两季具有短距离生殖洄游需求。神农架境内南河水系是齐口裂腹鱼的源产地。由于近年来大量小水电站在此修建且未配备鱼道等过鱼设施，以及非法捕捞现象严重，该物种数量迅速减少，种群濒临灭绝。

1. 材料与方法

本小节鱼类样本为中国地质公园（神农架）野生动物繁育基地提供的齐口裂腹鱼幼鱼。鱼类规格为体长 14.0～17.5 cm，体重 39.5～65.6 g。将鱼取回实验室后，放置于玻璃缸内适应 2 周，每天 9：00 按照其体重 5%进行投喂普通商业饲料。利用空气泵向缸内通气。鱼类测试前禁食 48 h，从而排除特殊代谢活动（如消化等）对实验产生的干扰（McKenzie et al.，2003）。第一次测试时测试 24 尾鱼，记录前 8 尾鱼的实验数据，余下 16 尾（即 2 组各 8 尾）鱼被放回至鱼缸中暂养（继续正常喂食，再次测试前禁食 48 h），待各 8 尾鱼休息恢复 20 d 和 40 d后，测试并记录数据。

实验所用仪器为 2.2.2 小节中的图 2.5 循环式游泳呼吸仪。测试时利用摄像机记录鱼类的尾鳍摆动，用溶氧仪（Hach HQ30d，USA）测量装置内的溶氧和水温。测试时所用水的温度由加热棒控制到（25±0.5）℃。由于鱼始终在装置中特定的区域范围内游泳，可认为鱼的游泳速度等于水流速度（水流速度可预先通过流速仪测定）。

固定流速测试：每尾鱼逐一测试，测试开始前，测量其体长，然后将鱼放入装置内，调整装置流速为 0.5 bl/s，适应 2 h（Jain et al.，1997）。正式测试时，每 10 min 测一次溶氧和温度，共计测 12 h。当溶氧下降并接近 6 mg/L 时，对装置进行换水充气以保证溶氧率维持在较高水平（6 mg/L）从而不会因为溶氧较低而干扰鱼类的正常呼吸。测试结束后，将鱼移除并测试体重。本阶段测试可获得鱼类日常耗氧率（$M_{O_2 \text{routine}}$）。

递增流速测试：本阶段测试中，开始测试前鱼的处理方法与固定流速测试时相同。开始测试时，初始流速设置为 1 bl/s，流速梯度为 1bl/s，时间梯度为 30 min。每 10 min 测试一次溶氧和温度，当鱼疲劳（判定标准：鱼抵网并且无法游动），流速调至 0.5 bl/s，且继续测试溶氧和温度。然后将鱼移出装置，并测试体重。处理本阶段测试数据可得到鱼类临界游泳速度（U_{cirt}）（通过鱼类游泳速度和游泳时间的计算方法推算得到）、耗氧率（M_{O_2}）、摆尾率（TBF）、摆幅（TBA）。

U_{cirt} 计算公式为 $U_{\text{crit}}=U_p+(t_f/t_i)\times U_t$（Brett，1964），其中 U_p（bl/s）表示鱼所能游完的整个测试时间周期时的游泳速度，U_t（bl/s）表示速度梯度，t_f（min）表示鱼最后一次增速至鱼类疲劳时所经历的时间，t_i（min）表示时间梯度。

耗氧率记为 M_{O_2}，最大耗氧率记为 $M_{O_2 \text{max}}$。鱼类游泳疲劳之前耗氧率和游泳速度的相关关系可用方程拟合（Webb，1993）：$M_{O_2}=a+bU^c$，其中 a，b 和 c 是方程的拟合值。鱼类疲劳后，耗氧率变化的趋势用 $M_{O_2}=a+be^{ct}$ 表达（Lee et al.，2003a），其中 a，b 和 c 是方程的拟合值，e 是自然对数，t（h）是时间。运动疲劳后过量耗氧（EPOC，mgO_2/kg）和无氧呼吸启动时对应的游泳速度的计算方法详见 4.2.2 小节。

利用摄像头全程记录测试过程中鱼类的摆尾情况，视频经过计算机软件处理后，即可得到鱼类 TBF（每秒钟摆尾的次数，Hz）和 TBA（鱼尾鳍来回摆动时的最大距离，bl）。TBF 和鱼类游泳速度 U 之间的相关关系可用线性回归方程 TBF=$a+bU$ 拟合（Ohlberger et al.，2007；Videler & Wardle，1991）。

所有数据均以平均值±标准误（mean±SE）表示，统计学的显著性差异水平设置为 $P=0.05$，统计学比较方法采用单因素方差分析（ANOVA Fisher LSD），数据处理软件使用绘图及统计分析软件 Origin。

2. 实验结果

按首次、20 d 后和 40d 测试后的先后顺序，U_{crit}、$M_{O_2 max}$、$M_{O_2 routine}$ 和 TBA_{max} 均呈现出先下降后上升的趋势（表 4.13、表 4.14）。三次测试中，鱼类游泳疲劳前，随着 U 的递增，M_{O_2} 和 TBF 均呈现递增趋势，显著差异参数 $P<0.05$。随着 t 的推移，M_{O_2} 呈现上升后下降的趋势；第一次测试得到的 EPOC 与后两次实验相比，后两次得到的 EPOC 类似，且大于第一次；三次测试中，前两次无氧呼吸出现时间类似，且大于第三次（图 4.22）。

表 4.13 齐口裂腹鱼幼鱼游泳特性恢复状况（蔡露 等，2013）

指标	首次	20 d 后	40 d 后
U_{crit}/（bl/s）	7.87 ± 0.35^a	5.41 ± 0.47^b	7.27 ± 0.26^a
M_{O_2} 函数/[mgO$_2$/（kg·h）]	$369.04+9.70U^{1.61}$ ($R^2=0.983$, $P<0.05$)	$252.23+0.16U^{3.69}$ ($R^2=0.942$, $P<0.05$)	$288.90+0.26U^{3.34}$ ($R^2=0.915$, $P<0.05$)
$M_{O_2 max}$/[mgO$_2$/（kg·h）]	658.67 ± 28.71^a	459.03 ± 23.06^b	557.32 ± 29.35^b
$M_{O_2 routine}$/[mgO$_2$/（kg·h）]	375.38 ± 32.51^a	256.06 ± 24.62^b	$288.94\pm17.36^{a, b}$
TBF 函数（Hz）	$2.24+0.38U$ ($R^2=0.982$, $P<0.05$)	$1.88+0.43U$ ($R^2=0.951$, $P<0.05$)	$1.56+0.43U$ ($R^2=0.949$, $P<0.05$)
TBA_{max}/bl	0.36 ± 0.03^a	0.37 ± 0.02^a	0.39 ± 0.03^a

注：同行内不同字母表示显著差异（$P<0.05$）

表 4.14 函数参数的标准误（蔡露 等，2013）

指标	参数	首次	20d 后	40 d 后
$M_{O_2}=a+bU^c$	a	11.02	9.84	14.96
	b	4.63	0.39	0.49
	c	0.22	1.24	0.93
TBF$=a+bU$	a	0.14	0.28	0.24
	b	0.03	0.05	0.05

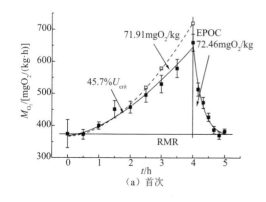

（a）首次

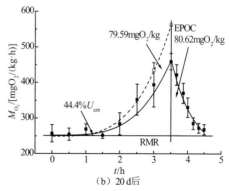

（b）20 d后

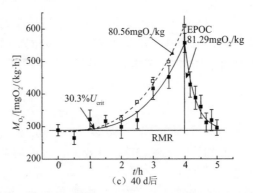

图 4.22　三次测试时齐口裂腹鱼幼鱼耗氧率（M_{O_2}）与时间（t）的相关关系（蔡露 等，2013）
上升实线表示鱼类游泳疲劳前耗氧率拟合曲线，下降实线表示疲劳后耗氧率拟合曲线，
上升虚线表示总耗氧率（游泳疲劳前后耗氧率）拟合曲线

3. 讨论

U_{crit} 是评价游泳能力的重要指标。按时间先后顺序，三次测试所得齐口裂腹鱼幼鱼 U_{crit} 分别为 7.87 bl/s、5.41 bl/s 和 7.27 bl/s。这说明在 20 d 内齐口裂腹鱼幼鱼 U_{crit} 相比于最初有较大降低，20d 内的恢复状况较差；而在 40d 后，U_{crit} 已经基本恢复到最初状况，40d 内的恢复状况较好。根据文献比较几种鲤科鱼类发现，在 25℃下，齐口裂腹鱼幼鱼 U_{crit}（7.87 bl/s）与圆口铜鱼（7.25 bl/s）（Tu et al.，2012）、锦鲫（*Carassius aumtus*）（7.38 bl/s）（鲜雪梅 等，2010）类似，且高于青鱼（5.25 bl/s）（鲜雪梅 等，2010）。临界游泳速度和持续游泳速度紧密相关（郑金秀 等，2010）。若要修建过鱼设施，需考虑该种鱼的持续游泳速度和鱼道高流速区设计的相关问题。

本小节得到三次测试所得齐口裂腹鱼幼鱼呼吸代谢变化状况。有综述报道了在鱼类运动疲劳前耗氧率指数方程中游泳速度指数一般为 1.1～3.0（Videler & Nolet，1990）。在本测试中，初次测试时所得指数为 1.61，20d 后为 3.69，40d 后为 3.34。初次测试所得指数符合文献报道范围，而后 2 次测试所得指数超出了文献报道一般范围。游泳速度指数与游泳效率相关，指数越小，效率越高（Wardle et al.，1996）。由此推知，疲劳后鱼类游泳效率显著下降，并且在 40d 后无法恢复正常。虽然 40d 后的速度指数低于 20d 后的速度指数，40d 后的游泳效率高于 20d 后的游泳效率，但是相对于初次测试，40d 后游泳效率恢复效果并不明显。从首次测试时游泳速度指数看，齐口裂腹鱼幼鱼游泳速度指数较低（1.61），具有较好的游泳效率，利于其洄游时高效的利用能量。

EPOC 常用于评价疲劳后短期内恢复到正常呼吸状况的能力，EPOC 越小，恢复能力越高（Lee et al.，2003b）。在本小节中，初次测试时 EPOC 为 72.46mgO$_2$/kg，

20d 后为 80.62 mgO$_2$/kg，40d 后为 81.29 mgO$_2$/kg，这说明过量运动造成的疲劳影响了鱼类的恢复能力，使其恢复能力降低。齐口裂腹鱼在疲劳后 40d 内，恢复能力无法恢复到正常情况，但由于三次测试 EPOC 波动并不大，说明疲劳对其恢复能力影响不大。虽然在同一温度下（25℃），其他鱼类 EPOC 的报道不多，但是随温度升高，EPOC 变大（Farrell，2007）。文献报道大马哈鱼（该鱼类实验常用物种）在 18℃ 时，EPOC 为 254 mgO$_2$/kg（Lee et al，2003b），推测当温度为 25℃ 时，其 EPOC 大于 254 mgO$_2$/kg，然而该值是本测试所得到的 EPOC 的 3 倍多。这说明齐口裂腹鱼幼鱼相对大马哈鱼来说恢复能力较强。

无氧运动所消耗能量由白肌提供，电位图分析表明当锦鲤（*Cyprinus carpio*）游泳速度达到 U_{crit} 的 80% 时，锦鲤将利用白肌启动无氧呼吸以供能继而持续游泳（Rome et al.，1984）。在本小节中三次测试推测无氧呼吸出现时间发生在 30.3%～45.7%U_{crit}，且随时间呈现依次递减趋势。无氧呼吸会产生乳酸，长期进行无氧呼吸会使得鱼体内积累大量乳酸，造成损伤，过早启动无氧呼吸对鱼类洄游较为不利。疲劳后休息恢复 20d 后和 40d 后无氧呼吸时间均较首次测试时提前，说明疲劳损伤对其有氧呼吸能力产生了持续影响，进而才使得鱼类游泳供能不足继而提前启动无氧呼吸。因此建议，当修建过鱼设施以辅助齐口裂腹鱼洄游时，通道不可太长，且需保证足够的休息区，才能使得鱼类避免长期进行无氧呼吸，防止乳酸积累造成的鱼类机体的损伤。

TBF 和 *U* 存在一定的线性相关关系，当将 *U* 对 TBF 进行线性拟合后，方程的斜率越小，游泳效率越高（Ohlberger et al.，2007）。在本小节中，先后三次测试得到的线性回归方程斜率分别为 0.38、0.43 和 0.43。虽然第一个斜率略小于后两个，但是根据 SE 情况来看，并不能说明三个斜率有显著差异。所以，三次测试中裂腹鱼幼鱼游泳效率差异不明显。以 TBF 和 *U* 相关关系来看，疲劳对游泳效率影响不明显。该结论与呼吸代谢中游泳效率相关结论不一致，但是呼吸代谢和运动形态学是从不同角度来判定的，游泳效率不是单一方面所能决定的，虽然两者结论不同，但由于条件不同所以结论并不矛盾。是否还存在其他影响游泳效率的因素尚未知，由此可见，亟待建立游泳效率评估的综合标准，这是未来研究趋势的重难点之一。

TBA 和 *U* 相关关系未见明显规律。TBA$_{max}$ 无变化，疲劳对其无影响。TBA$_{max}$ 是过鱼设施设计重要参数，为避免影响鱼类的正常摆尾姿态，过鱼设施过鱼孔/缝宽度不应小于 TBA$_{max}$（Rome et al.，1984）。

4. 小结

本小节探讨了鱼类疲劳后 20 d 和 40d 的游泳特性恢复状况。①在 20d 内齐口裂腹鱼幼鱼临界游泳速度（U_{crit}）相比于首次测试（20 d 前）有所降低，20 d 内的恢复状况较差；而在 40 d 后，临界游泳速度已经基本恢复到最开始情况，40 d 内的恢复状况较好。②疲劳后鱼类游泳效率显著下降，并且在 40 d 后无法恢复正常。虽然 40 d 后速度指数低于 20 d 后速度指数，40 d 后游泳效率高于 20 d 后游泳效率，但是相对于初次测试，40 d 后游泳效率恢复效果不明显。③齐口裂腹鱼在疲劳后 40 d 内，恢复能力无法恢复到正常状况，但由于三次测试中疲劳后过量耗氧（EPOC）波动不大，说明疲劳对其恢复能力影响不大。④20 d 后和 40 d 后无氧呼吸时间均较第一次测试时提前，说明运动疲劳对其有氧呼吸能力产生了持续影响。⑤疲劳对鱼类摆尾等运动学参数影响不明显。

4.4　其他自身因素

除了鱼类形态、摄食/饥饿、运动疲劳以外，其他自身因素也会对鱼类游泳特性产生影响。比如鱼类的年龄、性别、鱼类健康程度。Burnett 等（2014）研究发现，不论是在溢洪道附近、鱼道入口、鱼道里面还是在坝前，相比于雄性个体，总体来说雌性个体表现出更强的游泳能力。He 等（2013）研究发现随着年龄的增长，中华鲟幼鱼游泳能力增大，但需要指出的是随着年龄的增大，鱼类体长也会增大，因而年龄对游泳能力的影响应该考虑体长的因素。如果要单纯考虑年龄对游泳能力的影响，则可以对体长已经基本固定的成鱼进行研究。Tierney 和 Farrell（2004）研究发现鱼类的健康程度（例如是否发生鱼内部器官疾病、外部创伤）会影响游泳能力及氧代谢。

前文已述各种因素均会对鱼类游泳特性产生影响，但当各种因素交织在一起时，并非所有影响因素都起到了重要影响作用，因而在建立鱼类游泳特性影响的数学模型甚至进行工程设计时，并非一定要包含所有影响因素，也并非要拟合出过于精细的拟合函数。过度精细化的拟合会增加数学模型的复杂程度及过度的增加工程设计难度。因而可以根据模型优化方法来筛选适当复杂程度的拟合函数。例如赤池信息量准则（AIC）常被用于筛选适宜拟合程度的模型（Akaike，1987），以防出现过度拟合的情况。由于生态学研究经常会出现小样本量的情况，Burnham 等（2011）对 AIC 进行了改造，提出了适宜于小样本量模型的筛选方法（AICc）供研究者使用。

参 考 文 献

白艳勤, 路波, 石小涛, 等, 2013. 草鱼、鲢和瓦氏黄颡鱼幼鱼感应流速的比较[J]. 生态学杂志, 32: 2085-2089.

蔡露, 涂志英, 袁喜, 等, 2012. 鳙幼鱼游泳能力和游泳行为的研究与评价[J]. 长江流域资源与环境, 21: 89-95.

蔡露, 刘国勇, 黄应平, 等, 2013. 齐口裂腹鱼幼鱼疲劳后游泳特性恢复状况研究[J] 水生生物学报, 37: 993-998.

蔡露, 贺达, 胡望斌, 等, 2016. 大藤峡水利枢纽主要过鱼对象游泳能力测试研究[R]. 武汉: 水利部中国科学院水工程生态研究所.

陈细华, 2007. 鲟形目鱼类生物学与资源现状[M]. 北京: 海洋出版社, .

房敏, 蔡露, 黄应平, 等, 2014. 运动消耗对草鱼幼鱼游泳能力的影响[J]. 长江流域资源与环境, 23: 816-821.

郭柏福, 常剑波, 肖慧, 等, 2011. 中华鲟初次全人工繁殖的特性研究[J]. 水生生物学报, 35: 940-945.

危起伟, 李罗新, 杜浩, 等, 2013. 中华鲟全人工繁殖技术研究[J]. 中国水产科学, 20: 1-11.

鲜雪梅, 曹振东, 付世建. 2010. 4 种幼鱼临界游泳速度和运动耐受时间的比较[J]. 重庆师范大学学报(自然科学版), 27: 16-20. .

郑金秀, 韩德举, 胡望斌, 等, 2010. 与鱼道设计相关的鱼类游泳行为研究[J]. 水生态学杂志, 3: 104-110.

ADMS S R, HOOVER J J, KILLGORE K J, 1999. Swimming endurance of juvenile pallid sturgeon, *Scaphirhynchus albus*[J]. Copeia: 802-807.

ADAMS S R, ADAMS G L, PARSONS G R, 2003. Critical swimming speed and behavior of juvenile shovelnose sturgeon and pallid sturgeon[J]. Transaction of the American Fisheries Society, 132: 392-397.

AGIUS C, ROBERTS R J, 1981. Effects of starvation on the melano-macrophage centres of fish[J]. Journal of Fish Biology, 19: 161-169.

AKAIKE H, 1987. Factor analysis and AIC[J]. Psychometrik, 52: 317-332.

ALLEN P J, HODGE B, WERNER B, et al., 2006. Effects of ontogeny, season, and temperature on the swimming performance of the juvenile green sturgeon (*Acipenser medirostris*)[J]. Canadian Journal of Fisheries and Aquatic Science, 63: 1360-1369.

ALSOP D, WOOD C, 1997. The interactive effects of feeding and exercise on oxygen consumption, swimming performance and protein usage in juvenile Rainbow trout (*Oncorhynchus mykiss*)[J]. Journal of ExperimentalBiology, 200: 2337-2346.

AUER N A, 1996. Importance of habitat and migration to sturgeon with emphasis on lake sturgeon[J]. Canadian Journal of Fisheries and Aquatic Sciences, 53: 152-160.

BURNETT N J, HINCH S G, BRAUN D C, et al., 2014. Burst swimming in areas of high flow: Delayed consequences of anaerobiosis in wild adult Sockeye salmon[J]. Physiological and Biochemical Zoology, 87: 587-598.

BAHR R, 1992. Excess post-exercise oxygen consumption magnitude, mechanisms, and practical implications[J]. Acta Physiologica Scandinavica, 605: 1-70.

BEHRENS J W, PRABEL K, STEFFENSEN J F, 2006. Swimming energetics of the Barents Sea capelin (*Mallotus villosus*) during the spawning migration period[J]. Journal of Experimental Marine Biology and Ecology, 331: 208-216.

BLACK E C, BOSOMWORTH N J, DOCHERTY G K, 1966. Combined effect of starvation and severe exercise on glycogen metabolism of Rainbow trout, *Salmo gairdneri*[J]. Journal of the Fisheries Board Research of Canada, 23: 1461-1463.

BILLARD R, LECOINTRE G, 2001. Biology and conservation of sturgeon and paddlefish[J]. Reviews in Fish Biology and Fisheries, 10: 355-392.

BILTON H T, ROBINS G L, 1973. The effects of starvation and subsequent feeding on survival and growth of fulton channel sockeye salmon fry (*Oncorhynchus nerka*) [J]. Journal of the Fisheries Board Research of Canada, 30: 1-5.

BOILY P, MAGNAN P, 2002. Relationship between individual variation in morphological characters and swimming costs in brook charr (*Salvelinus fontinalis*) and yellow perch (*Perca flavescens*) [J]. Journal of ExperimentalBiology, 205: 1031-1036.

BOYSEN K A, HOOVER J J, 2009. Swimming performance of juvenile white sturgeon (*Acipenser transmontanus*): Training and the probability of entrainment due to dredging[J]. Journal of Applied Ichthyology, 25: 54-59.

BRAUNER C J, IWAMA G K, RANDALL D J, 1994. The effect of short duration seawater exposure on the swimming performance of wild and hatchery-reared juvenile Coho salmon (*Oncirhynchus kisutch*) during smoltification[J]. Canadian Journal of Fisheries and Aquatic Science, 51: 2188-2194.

BRETT J R, 1964. The respiratory metabolism and swimming performanceof young sockeye salmon[J]. Journal of the Fisheries Research Board of Canada, 21: 1183-1226.

BRETT J R, 1967. Swimming performance of Sockeye Salmon (*Oncorhynchus nerka*) in relation to fatigue time and temperature[J]. Journal of the Fisheries Research Board of Canada, 24: 1731-1741.

BURNHAM K P, ANDERSON D R, HUYVAERT K P, 2011. AIC model selection and multimodel inference in behavioral ecology: Some background, observation, and comparisons[J]. Behavioral Ecology and Sociobiology, 65: 23-35.

CAI L, TAUPIER R, JOHNSON D, et al., 2013. Swimming capability and swimming behavior of juvenile *Acipenser schrenckii*[J]. Journal of Experimental Zoology Part A, 319: 149-155.

CAI L, FANG M, JOHNSON D, et al., 2014. Interrelationships between feeding, food deprivation and swimming performance in juvenile grass carp[J]. Aquatic Biology, 20: 69-76.

CAI L, JOHNSON D, MANDAL P, et al., 2015. Effect of exhaustive exercise on the swimming capability and metabolism of juvenile Siberian sturgeon[J]. Transactions of the American Fisheries Society, 144: 532-538.

CAI L, JOHNSON D, FANG M, et al., 2017. Effect of feeding, digestion and fasting on the respiration and swimming capability of juvenile Sterlet sturgeon (*Acipenser ruthenus*, Linnaeus 1758) [J]. Fish Physiology and Biochemistry, 43: 279-286.

CAI L, ZHANG P, JOHNSON D, et al., 2019. Effects of prolonged and burst swimming on subsequent burst swimming performance of *Gymnocypris potanini firmispinatus* (Actinopterygii, Cyprinidae) [J]. Hydrobiologia, 843: 201-209.

CASTRO-SANTOS T, SANZ-RONDA F J, Ruiz-Legazpi J, 2013. Breaking the speed limit-comparative sprinting performance of brook trout (*Salvelinus fontinalis*) and brown trout (*Salmo trutta*) [J]. Canadian Journal of Fisheries and Aquatic Sciences, 70: 280-293.

CASTRO-SANTOS T, 2005. Optimal swim speeds for traversing velocity barriers: An analysis of volitional high-speed swimming behavior of migratory fishes[J]. Journal of Experimental Biology, 208: 421-432.

DESLAURIERS D, KIEFFER J D, 2012. Swimming performance and behabiour of young-of-the-year shortnose sturgeon (*Acipenser brevirostrum*) under fixed and increased velocity swimming tests[J]. Canadian Journal of Zoology, 90: 345-351.

DOMENICI P, 2003. Habitat, body design and the swimming performance of fish[J]. Vertebrate and Biomechanics Evolution, 1: 137-160.

FANG M, CAI L, GAO Y, et al., 2017. Swimming and recovery abilities of juvenile Chinese sturgeon[J]. Transactions of American Fisheries Society, 146: 1186-1192.

FARRELL A P, 2007. Cardiorespiratory performance during prolonged swimming tests with salmonids: a perspective on temperature effects and potential analytical pitfalls[J]. Philosophical Transactions of the Royal Society of London Series B, 362: 2017-2030.

FARRELL A P, GAMPERL A K, BIRTWELL I K, 1998. Prolonged swimming, recovery and repeat swimming performance of mature Sockeye Salmon *Oncorhynchus nerka* exposed to moderate hypoxia and pentachlorophenol[J]. Journal of Experimental Biology, 201: 2183-2193.

FU S J, CAO Z D, PENG J L, 2007. Effect of feeding and fasting on excess post-exercise oxygen consumption in juvenile southern catfish(*Silurus meridionalis* Chen)[J]. Biochemistry and Physiology Part A, 146: 435-439.

FU S J, ZENG L Q, LI X M, et al., 2009. Effect of meal size on excess post-exercise oxygen consumption in fishes with different locomotive and digestive performance[J]. Journal of Comparative Physiology B, 179: 509-517.

FU S J, PANG X, CAO Z D, et al., 2011. The effects of fasted on the metabolic interaction between digestion and locomotion in juvenile southern catfish(*Silurus meridionalis* Chen)[J]. Comparative Biochemistry and Physiology Part A, 158: 498-505

GAESSER G A, BROOKS G A, 1983. Metabolic bases of excess post-exercise oxygen consumption: A review[J]. Medicine and Science in Sports and Exercise, 16: 29-43.

GAMPERL A K, FARRELL A P, 2004. Cardiac plasticity in fishes: Environmental influence and intraspecific difference[J]. Journal of Experimental Biology, 207: 2539-2550.

GISBERT E, DOROSHOV S I, 2003. Histology of the developing digestive system and the effect of food deprivation in larval green sturgeon(*Acipenser medirostris*)[J]. Aquatic Living Resources, 16: 77-89.

HAMMER C, 1995. Fatigue and exercise tests with fish[J]. Comparative Biochemistry & Physiology Part A, 112: 1-20.

HE X, LU S, LIAO M, et al., 2013. Effects of age and size on critical swimming speed of juvenile Chinese sturgeon *Acipenser sinensis* at seasonal temperatures[J]. Journal of Fish Biology, 82: 1047-1056.

HERRMANN J P, ENDERS E C, 2000. Effect of body size on the standard metabolism of horse mackerel[J]. Journal of Fish Biology, 57: 746-760.

HODGSON S, QUINN T P, 2002. The timing of adult sockeye salmon migration into fresh water: Adaptions by population to prevailing thermal regimes[J]. Canadian Journal of Zoology, 80: 542-555.

HOOVER J J, BOYSEN K A, BEARD J A, et al., 2001. Assessing the risk of entrainment by cutterhead dredges to juvenile lake sturgeon (Acipenser fulvescens) and juvenile pallid sturgeon (*Scaphirhynchus albus*) [J]. Journal of Applied Ichthyology, 27: 369-375.

HOU Y, CAI L, WANG X, et al., 2018. Swimming performance of twelve Schizothoracinae species from five rivers[J]. Journal of Fish Biology, 92: 2022-2028.

HU J, ZHANG Z, WEI Q, et al., 2009. Malformations of the endangered Chinese sturgeon Acipenser sinensis, and its causal agent[J]. Proceedings of the National Academyof Science of the United States of America, 106: 9339-9344.

HURVICH C M, TSAI C L, 1989. Regression and time series model selection in small samples[J]. Biometrika, 76: 297-307.

JAIN K E, HAMILTON J C, FARRELL A P, 1997. Use of a ramp velocity test to measure critical swimming speed in rainbow trout, *Oncorhynchus mykiss*[J]. Comparative Biochemistry and Physiology, 117: 441-444.

JAIN K E, BIRTWELL I K, FARRELL A P, 1998. Repeat swimming performance of mature sockeye salmon following a brief recovery period: A proposed measure of fish health and water quality[J]. Canadian Journal of Zoology, 76: 1488-1496.

JONES D R, 1982. Anaerobic exercise in teleost fish[J]. Canadian Journal of Zoology, 60: 1131-1134.

KILLEN S S, MARRAS S, STEFFENSEN J F, et al., 2012. Aerobic capacity influences the spatial position of individuals within fish schools[J]. Proceedings of the Royal Society B, 279: 357-364.

LARSEN L O, 1980. Physiology of adult Lampreys, with special regard to natural starvation, reproduction, and death after spawning[J]. Canadian Journal of Fisheries and Aquatic Sciences, 37: 1762-1779.

LEE C G, FARRELL A P, LOTTO A, et al., 2003a. Excess post-exercise oxygen consumption in adult sockeye (*Oncorhynchus nerka*) and coho (*O. kisutch*) salmon following critical speed swimming[J]. Journal of Experimental Biology, 206: 3253-3260.

LEE C G, FARRELL A P, LOTTO A, et al., 2003b. The effect of temperature on swimming performance and oxygen consumption inadult sockeye (*Oncorhynchus nerka*) and coho (*O. kisutch*) salmon stocks[J]. Journal of Experimental Biology, 206, 3239-3251.

MANDAL P, CAI L, TU Z, et al., 2016. Effects of acute temperature change on the metabolism and swimming ability of juvenile sterlet sturgeon (*Acipenser ruthenus, Linnaeus*, 1758)[J]. Journal of Applied Ichthyology, 32: 267-271.

MARRAS S, KILLEN S S, DOMENICI P, 2013. Relationships among traits of aerobic and anaerobic swimming performance in individual European Sea bass *Dicentrarchus labrax*[J]. PLoS One, 8: e72815.

MCKENZIE D J, MARTINEZ R M, Morales A, et al., 2003. Effects of growth hormonetransgenesis on metabolic rate, exercise performance and hypoxiatolerance in tilapia hybrids[J]. Journal of Fish Biology, 63: 398-409.

OHLBERGER J, STAAKS G, HOLKER F, 2006. Swimming efficiency and the influence of morphology on swimming costs in fishes[J]. Journal of Comparative Physiology B, 176: 17-25.

OHLBERGER J, STAAKS G, HOLKER F, 2007. Estimating the active metabolic rate (AMR) in fish based on tail beat frequency (TBF) and body mass[J]. Journal of Experimental Zoology A, 307: 296-300.

PANG X, YUAN XZ, CAO Z D, et al., 2013. The effects of temperature and exercise training on swimming performance in juvenile qingbo (*Spinibabus sinensis*)[J]. Journal of Comparative Physiology B, 183: 99-108.

PEAKE S, 2005. Swimming and respiration[J]. Sturgeons and Paddlefish of North America, 27: 147-166.

PEAKE S, MCKINLEY R S, SCRITON D A, 1997. Swimming performance of various freshwater Newfoundland salmonids relative habitat selection and fishway design[J]. Journal of Fish Biology, 51: 710-723.

PETTERSSON L B, HEDENSTROM A, 2000. Energetics, cost reduction and functional consequences of fish morphology[J]. Proceedings of the Royal Society B, 267: 759-764.

PIKITCH K E, DOUKAKIS P, LAUCK L, et al., 2005. Status, trends and management of sturgeon and paddlefish fisheries[J]. Fish and Fisheries, 6: 233-265.

PLAUT I, 2000. Effect of fin size on swimming performance, swimming behaviorand routine activity of Zebrafish *Danio rerio*[J]. Journal of Experimental Biology, 203: 813-820.

PON L B, HINCH S G, COOKE S J, et al., 2009. Physiological, energetic and behavioural correlates of successful fishway passage of adult sockeye salmon (*Oncorhynchus nerka*) in the Seton River, British Columbia[J]. Journal of Fish Biology, 74: 1323-1336.

REIDY S P, NELSON J A, TANG Y, et al., 1995. Post-exercisemetabolic rate in Atlantic cod and its dependence upon the method ofexhaustion[J]. Journal of Fish Biology, 47: 377-386.

ROME L C, LOUGHNA P T, GOLDSPINK G, 1984. Muscle fibre activity in carp as a function of swimming speed and muscle temperature[J]. American Journal of Physiology, 247: 272-279.

ROME L C, FUNKE R P, ALEXANDER R M, 1990. The influence of temperature on muscle velocity and sustained performance in swimming carp[J]. Journal of Experimental Biology, 154: 163-178.

RUBAN I G, 1997. Species structure, contemporary distribution and status of the Siberian sturgeon, *Acipenser baerii*[J]. Environmental Biology of Fishes, 48: 221-230.

SHI X, ZHUANG P, ZHANG L, et al., 2010. Optimal starvation time before blood sampling to get baseline data on several blood biochemical parameters in Amur sturgeon, *Acipenser schrenckii*[J]. Aquaculture nutrition, 16: 544-548.

SMITH H, 2006. Maximum escape speeds of lake sturgeon (*Acipenser fulvescens*)[J]. Journal of the US Stockholm Junior Water Prize, 1: 19-40.

SVENDSEN J C, TUDORACHE C, JORDAN A D, et al., 2010. Partition of aerobic and anaerobic swimming costs related to gait transitions in labriform swimmer[J]. Journal of Experimental Biology, 213: 2177-2183.

TIERNEY K B, FARRELL A P, 2004. The relationships between fish health, metabolic rate, swimming performance and recovery in return-run sockeye salmon, *Oncorhynchus nerka* (Walbaum)[J]. Journal of Fish Diseases, 27: 663-671.

TU Z, Li L, Yuan X, et al., 2012. Aerobic swimmingperformance of juvenile Largemouth bronze gudgeon (*Coreius guichenoti*) in the Yangtze River[J]. Journal of Experimental Zoology Part A, 317: 294-302.

TURVEY S T, BARRETT L A, HAO Y, et al., 2010. Rapidly shifting baselines in Yangtze fishing communities and local memory of extinct species[J]. Conservation Biology, 24: 778-797.

VERHILLE C E, 2014. Larval green and white sturgeon swimming performance in relation to water-diversion flows[J]. Conservation Physiology, 2: cou031.

VIDELER J J, NOLET B A, 1990. Cost of swimming measured at optimum speed: Scaling effects, differences between swimming styles, taxonomic groups and submerged and surface swimming[J]. Comparative Biochemistry and Physiology, 97: 91-99.

VIDELER J J, WARDLE C S, 1991. Fish swimming stride by stride: Speed limits and endurance[J]. Reviews in Fish Biology and Fisheries, 1: 23-40.

VOTINOV N P, KASYANOW V P, 1978. The ecology and reproductive efficiency of the Siberian sturgeon *Acipenserbaerii*, in the Ob as affected by hydraulic engineering works[J]. Journal of Ichthyology, 18: 20-29.

WAGNER G N, BALFRY S K, HIGGS D A, et al., 2004. Dietary fatty acid composition affects the repeat swimming performance of Atlantic salmon in seawater[J]. Comparative Biochemistry and Physiology Part A, 137: 567-576.

WANG C, KYNARD B, WEI Q, 2013. Spatial distribution and habit suitability indices for non-spawning and spawning adult Chinese sturgeons below Gezhouba Dam, Yangtze River: Effects of river alterations[J]. Journal of Applied Ichthyology, 29: 31-40.

WARDLE C S, SOOFIANI N M, O'NEILL F G, et al., 1996. Measurements of aerobic metabolism of a school of horse mackerel at different swimming speeds[J]. Journal of Fish Biology, 49: 854-862.

WALKER J A, GHALAMBOR C K, GRISET O L, et al., 2005. Do faster starts increase the probability of evading predators[J]. Functional Ecology, 19: 808-815.

WEBB P W, 1993. Swimming//Evans D H, Eds. The physiology of fishes[M]. Boca Raton: CRC Press: 47-73.

WEBBER J D, CHUN S N, MACCOLL T R, et al., 2007. Upstream swimming performance of adult White Sturgeon: Effects of partial baffles and a ramp[J]. Transactions of the American Fisheries Society, 136: 402-408.

WEI Q, KE F, ZHANG J, et al., 1997. Biology, fisheries, and conservation of sturgeons and paddlefish in China[J]. Environmental Biology of Fishes, 48: 421-255.

WEI Q, HE J, YANG D, et al., 2004. Status of sturgeon aquaculture and sturgeon trade in China: A review based on two recent nationwide surveys[J]. Journal of Applied Ichthyology, 20: 321-332.

WEIHS D, 1973. Optimal fish cruising speed[J]. Nature, 245: 48-50.

WILKENS J L, KATZENMEYER A W, HAHN N M, et al., 2015. Laboratory test of suspended sediment effects on short-term survival and swimming performance of juvenile Atlantic sturgeon (*Acipenser oxyrinchus oxyrinchus*, Mitchill, 1815)[J]. Journal of Applied Ichthyology, 31: 984-990.

XIE P, 2003. Three-Gorges Dam: Risk to ancient fish[J]. Science, 302: 1149-1151.

XIE S, LI Z, LIU J, et al., 2007. Fisheries of the Yangtze River show immediate impacts of the Three Gorges Dam[J]. Fisheries, 32: 343-344.

ZHAO W W, PANG X, PENG J L, et al., 2012. The effects of hypoxia acclimation, exercise training and fasting on swimming performance in juvenile qingbo(*Spinibarbus sinensis*)[J]. Fish Physiology and Biochemistry, 38: 1367-1377.

第5章
与鱼类运动行为相关的过鱼设施流速设计及建议

修建水利水电工程对我国可持续发展战略具有重要意义，但水利水电工程难免会对当地气候条件及流域生态环境造成影响（Gautam et al.，2014）。众多公开报道的研究成果显示，水利水电工程对水环境和水生生物产生了巨大影响，具体表现为改变了河流中原有的水文变化节律、水温变化规律和泥沙迁移规律等，继而造成了水环境中的鱼类、其他浮游动物、藻类等生物的种群结构及数量的变动，生态系统中的食物网结构发生变化。

从水生态系统中食物链顶端生物鱼类来说，大坝阻碍了鱼类的洄游通道，使其不能正常完成生活史，继而很可能导致鱼类资源量的下降。除此之外大坝还会影响鱼类种群之间的交流，继而使得种群遗传基因多样性退化甚至丧失，从而导致经济鱼类品质的退化。《中华人民共和国水法》（2016 年 7 月修订）第二十七条规定"在水生生物洄游通道、通航或者竹木流放的河流上修建永久性拦河闸坝，建设单位应当同时修建过鱼、过船、过木设施，或者经国务院授权的部门批准采取其他补救措施"，《中华人民共和国渔业法》（2013 年 12 月修订）第三十二条规定"在鱼、虾、蟹洄游通道建闸、筑坝，对渔业资源有严重影响的，建设单位应当建造过鱼设施或者采取其他补救措施"，《全国生态保护与建设规划（2013—2020 年）》（发改农经〔2014〕22 号）指出要求"构建河湖水系连通网络体系"和"保护和改善珍稀濒危野生动植物栖息地"。实践证明过鱼设施可以辅助鱼类进行上行或下行，即通过大坝造成的物理阻隔，从而有助于维护流域生态平衡。因而修建技术型鱼道、仿自然通道、升鱼机、集运鱼船、鱼闸、鱼泵等过鱼设施是一项十分重要的生态工程修复措施（Chen et al.，2014；Katopodis & Williams，2012）。

5.1　鱼类游泳特性在过鱼设施流速设计中的
重要性

与过鱼设施设计相关的鱼类游泳特性研究起源于 17 世纪欧洲，当初人们针对鱼类的游泳速度及对水流屏障穿越能力的表观现象进行了一定研究。到了 19 世纪后期，基于水动力学原理的丹尼尔鱼道成功问世。Sabaton 于 20 世纪初将鱼类游泳行为参数模型与水动力学方程结合提出了新的过鱼设施设计理念。目前，鱼类的生理代谢（如耗氧率、能量代谢率）已渗透到与过鱼设施相关的鱼类游泳特性研究中（Katopodis et al.，2019）。近年来与过鱼设施设计相关的鱼类特性研究越来越多，学科交叉性研究越来越受到各国学者的重视。

鱼类游泳特性是过鱼设施设计的关键因子（Holmquist et al.，2018；Cai et al.，2018a，2018b；Amaral et al.，2018；中华人民共和国能源局，2015；中华人民共和国水利部，2013；Yagci，2010）。游泳特性主要分为三大类：游泳能力、生理代谢和运动形态（蔡露 等，2018；Cai et al.，2015，2014a；Fu et al.，2013；Brett，1964）。①过鱼设施流速设计的重要参考因素就是鱼类的游泳能力，过鱼设施的进口、过鱼孔、出口等高流速区域的设计都以鱼类游泳能力（如耐久游泳能力和爆发游泳能力）为基础。②生理代谢的研究也比较重要，通过测试鱼类在游泳过程中生理指标的变化，可以得到鱼类在不同运动状态下的生理状态，从而为阐明鱼类实际的和预测潜在的游泳能力提供依据，同时生理代谢研究也可为过鱼设施中的鱼类休息池设计（尺寸、数量、间隔）提供一定参考。③运动过程中鱼类体态变化的研究主要包含摆尾幅度、摆尾频率和游泳姿势等参数的研究。与过鱼设施设计联系最紧密的是摆尾幅度，比如技术型鱼道和仿自然通道狭缝的最小宽度理应大于最大目标过鱼对象鱼类的最大摆幅，否则目标鱼类将会无法正常摆尾而导致无法通过过鱼设施的高流速区，从而无法完成上溯洄游。

研究者们在大量研究基础上得到了一些与过鱼设施相关的鱼类行为评价和预测模型，例如：为了能顺利完成全程洄游，鱼类在洄游时通常会选择一个最节省能量的游泳速度进行迁移。Behrens 等（2006）结合运动理论和生理代谢理论，推导出了一种最优游泳速度（U_{opt}）评价模型。首先测得运动呼吸代谢时的耗氧率（M_{O_2}）与游泳速度（U）的关系，然后根据氧代谢与能量代谢的能量转换值（例如 14.1 J/mg）进行转换，即可以得到运动耗能[COT，J/（kg·m）]模型，当 COT 取最小值，U

即为最优游泳速度（U_{opt}，bl/s）。

$$\begin{cases} M_{O_2} = a + bU^c \\ \mathrm{COT} = aU^{-1} + bU^{c-1} \\ U_{opt} = \{a/[(c-1)b]\}/c \end{cases}$$

其中：a，b，c 均为常数。需要注意该模型通常仅适用于鱼类进行持续游泳运动。

然而当鱼类进入过鱼设施后会遇到高流速区，此时鱼类将采用爆发游泳速度前进，此时的游泳能力应同时考虑疲劳时间和游泳速度。Castro-Santos（2005）构建了鱼类短时间（T，s）高速度（U_s，bl/s）运动的最优游泳速度（U_{opt}，bl/s）模型，模型分为如下三个部分：

$$\begin{cases} \ln T = a + bU_s \\ D_s = U_s \times T \\ U_{opt} = -1/b \end{cases}$$

其中：a，b 均为常数。该模型的应用条件已经和过鱼设施内高流速区状况很类似。

上述两种模型分别解决了相对较低速度运动下和相对较高速度运动下的鱼类最优速度评价模型。若能找到一种评价模型能同时适用于两种运动速度情况则会进一步提高过鱼设施设计的简便性。

5.2 技术型鱼道流速设计

为了适应社会经济发展需求，近年来我国各大流域及支流修建了众多水利水电工程建筑。这些工程的建设阻碍了鱼类的洄游和种群间的基因交流。为了减缓这种不利影响，设计并修建过鱼设施势在必行。我国分布广泛分布有四大家鱼（青鱼、草鱼、鲢、鳙），且分布的地方所建的水利水电工程的水头总体上不高，适宜修建技术型鱼道来进行河流破碎化修复。本节将以四大家鱼为主要过鱼对象，研究技术型鱼道流速设计。根据研究经验，现今各流域的四大家鱼主要渔获物常见规格小于 0.4 m，且过小（如小于 0.1 m）的鱼类也不会有明显的上溯洄游习性，因而可以暂定过鱼规格为 0.1~0.4 m。因此，以我国广泛分布的四大家鱼为过鱼目标，从理论上提出技术型鱼道流速设计方案，为帮助四大家鱼洄游修建的过鱼设施提供参考。本设计基础数据来自课题组过去几年来已公开发表的四大家鱼游泳能力数据及国内外文献资料调研数据。

5.2.1 数据与分析

目标过鱼对象四大家鱼的感应流速范围 0.07～0.20 m/s，临界游泳速度范围 0.50～1.12 m/s（平均值 0.81 m/s），突进游泳速度 0.70～1.48 m/s（平均值 1.09 m/s）见表 5.1～表 5.3。根据国内外研究成果：持续游泳速度范围，0%～80%临界游泳速度；耐久游泳速度范围，80%临界游泳速度～突进游泳速度；爆发游泳速度最小值为突进游泳速度。根据目前掌握的数据初步判断，目标过鱼对象的感应流速为 0.07～0.20 m/s。持续速度 0～0.65 m/s；耐久速度 0.65～1.09 m/s；爆发速度＞1.09 m/s。

表 5.1　鱼类突进游泳速度

鱼种	鱼体长/m	水温/℃	突进游泳速度/(m/s)	参考文献
青鱼	0.10～0.31	19.0～23.0	0.84～1.30	熊锋等（2014）
草鱼	0.15～0.20	10.0～27.0	0.70～0.80	河北省水产局（1978）
	0.12～0.31	19.0～23.0	0.80～1.40	熊锋等（2014）
鲢	0.10～0.25	10.0～27.0	0.70～0.91	河北省水产局（1978）
	0.12～0.35	19.0～23.0	0.80～1.48	熊锋等（2014）
鳙	0.11～0.38	19.0～23.0	0.79～1.31	熊锋等（2014）

表 5.2　鱼类临界游泳速度

鱼种	鱼体长/m	水温/℃	临界游泳速度/(m/s)	参考文献
青鱼	0.09±0.01（SE）	24.5～25.5	1.00±0.03（SE）	甘明阳等（2015）
	0.08～0.10	19.0～21.0	0.63±0.05（SE）	房敏等（2014）
草鱼	0.10～0.12	19.0～21.0	0.74～1.12	Cai 等（2014b）
	0.09±0.00（SE）	14.0～16.0	0.58±0.02（SE）	袁喜等（2016）
鲢	0.11～0.12	18.0～21.0	0.64～0.73	房敏等（2013）
	0.10～0.12	19.0～21.0	0.50±0.06（SE）	蔡露等（2012）
鳙	0.12±0.00（SE）	12.0～14.0	0.57±0.07（SE）	刘慧杰等（2017）
	0.14～0.24	10.0～20.0	0.85～0.96	Yuan 等（2014）
	0.45（mean）	27.0	0.8（mean）	侯轶群（2010）

表 5.3　鱼类感应流速

鱼种	鱼体长/m	水温/℃	感应流速/(m/s)	参考文献
草鱼	0.15～0.20	10.0～27.0	0.20	河北省水产局（1978）
	0.10±0.03（SE）	20.0～22.0	0.08±0.01（SE）	白艳勤等（2013）
鲢	0.10～0.25	10.0～27.0	0.20	河北省水产局（1978）
	0.10±0.03（SE）	20.0～22.0	0.07±0.0（SE）	白艳勤等（2013）

5.2.2　过鱼设施流速设计

拟修建的过鱼设施型式为技术型鱼道。

1. 过鱼孔口/竖缝流速

在过鱼设施中，鱼类通过过鱼孔口或竖缝一般都是以高速冲刺的形式短时间通过,通过高流速区时间一般在 5~20 s,通过后,鱼类寻找到缓流区或回水区进行休息。美国 TRB 2009 年会的报告中指出:观测到鱼类通过鱼道时的游泳速度为突进游泳速度;Weihs(1985)通过研究发现鱼类通过竖缝式鱼道的竖缝时运用突进游泳速度,直到疲劳才停下来休息。过鱼对象中的鱼类突进游速在 0.70~1.48 m/s,因而建议本鱼道过鱼孔口/竖缝流速为 0.70~1.48 m/s。

2. 进口流速

依据 Pavlov(1989)的观点,通常吸引鱼类的流速可为 0.6~0.8U_{crit},根据研究结果,过鱼对象临界游泳速度在 0.50~1.12 m/s,因此建议过鱼设施进口诱鱼流速控制在 0.30~0.90 m/s。

3. 过鱼设施内最小流速

鱼类进入过鱼设施后,若通道中水流流速过小,鱼类则容易找不到方向而不继续前进,因此,过鱼设施中的流速应大于鱼类的感应流速。同时,鱼类上溯通过过鱼设施,游出出口时,出口外的水流流速也应大于鱼类的感应流速,这样鱼类才能找到方向,继续上溯。根据本研究结果,过鱼设施内最小流速建议取值为 0.2 m/s。

5.3 升鱼机流速设计

目前长江上游和澜沧江上游建造了高水头的水电站,过去几十年比较常见的过鱼设施(如技术性鱼道、仿自然通道、鱼闸等)已经无法满足和适应高水头的落差条件,但近年来国内外兴起的升鱼机则可以适应较大落差条件。长江上游金沙江的河流破碎化问题对我国高原特有鱼类裂腹鱼产生了深远影响。此外,近年来我国学者及研究机构对金沙江圆口铜鱼资源严重衰退问题给予高度重视。金沙江所分布裂腹鱼和圆口铜鱼常见规格小于 0.4 m,且过小(如小于 0.1 m)的鱼类也不会有明显的上溯洄游习性,因而可以暂定过鱼规格为 0.1~0.4 m。因此,以分布于金沙江的裂腹鱼和圆口铜鱼为过鱼目标,从理论上提出升鱼机流速设计方案,为金沙江修建过鱼设施提供参考。

本设计基础数据来自课题组过去几年来已公开发表的裂腹鱼和圆口铜鱼游泳能力数据及国内外文献资料调研数据。由于已公开的文献中,关于金沙江裂腹鱼的资料不够丰富,本节同时也调研了分布于雅鲁藏布江中的裂腹鱼游泳能力数据,以期提供比较和参考。

5.3.1 数据与分析

感应流速范围 0.05~0.13 m/s,临界游泳速度范围 0.48~1.52 m/s(平均值 1.0 m/s),突进游泳速度 0.85~2.20 m/s(平均值 1.53 m/s)(表 5.4~表 5.6)。根据国内外研究成果:持续游泳速度范围,0%~80%临界游泳速度;耐久游泳速度范围,80%临界游泳速度~突进游泳速度;爆发游泳速度最小值为突进游泳速度。由上述文献调研所得数据来看,裂腹鱼游泳能力相关指标大致类似。游泳能力相关数据及分析如下。

表 5.4 鱼类突进游泳速度

鱼种	鱼体长/m	水温/℃	突进游泳速度/(m/s)	参考文献
齐口裂腹鱼	0.34±0.01(SE)	17.2~21.6	0.85~1.53	傅菁菁等（2013）
巨须裂腹鱼	0.13~0.33	5.3~6.1	0.90~1.50	蔡露等（2015）
异齿裂腹鱼	0.14~0.32	15.0~17.0	1.18~2.20	叶超等（2013）
长丝裂腹鱼	0.17~0.25	12.1~16.1	1.05~1.46	张沙龙（2014）
短须裂腹鱼	0.20~0.27	12.1~16.1	1.03~1.42	张沙龙（2014）

表 5.5 鱼类临界游泳速度

鱼种	鱼体长/m	水温/℃	临界游泳速度/(m/s)	参考文献
齐口裂腹鱼	0.34±0.01（SE）	16.2~18.2	0.65~1.09	傅菁菁等（2013）
齐口裂腹鱼	0.19±0.01（SE）	14.2~23.7	0.48~1.34	Cai 等（2014c）
细鳞裂腹鱼	0.11±0.01（SE）	25.0~27.0	1.11±0.02（SE）	袁喜等（2012）
异齿裂腹鱼	0.14~0.43	15.0~17.0	0.80~1.45	叶超等（2013）
长丝裂腹鱼	0.16~0.23	12.1~16.1	0.70~0.91	张沙龙（2014）
短须裂腹鱼	0.20~0.30	12.1~16.1	0.64~0.87	张沙龙（2014）
巨须裂腹鱼	0.21~0.29	5.0~18.0	0.80~1.52	涂志英等（2012）
圆口铜鱼	0.15~0.19	10.0~25.0	0.85~1.35	Tu 等（2012）

表 5.6 鱼类感应流速

鱼种	鱼体长/m	水温/℃	感应流速/(m/s)	参考文献
齐口裂腹鱼	0.33±0.01（SE）	16.2~20.1	0.07~0.13	傅菁菁等（2013）
巨须裂腹鱼	0.14~0.33	6.0~6.7	0.05~0.13	蔡露等（2015）
异齿裂腹鱼	0.26~0.41	4.7~5.4	0.06~0.13	蔡露等（2015）
长丝裂腹鱼	0.20~0.30	12.9~16.0	0.05~0.08	蔡露等（2015）
短须裂腹鱼	0.25~0.30	13.4~15.6	0.06~0.08	蔡露等（2015）

根据目前掌握的数据初步判断,目标过鱼对象的感应流速为 0.05~0.13 m/s。持续速度 0~0.80 m/s;耐久速度 0.80~1.53 m/s;爆发速度>1.53 m/s。

5.3.2 过鱼设施流速设计

拟修建的过鱼设施形式为升鱼机。

1. 进口诱鱼流速

过鱼设施进口一般采用一股流速较高的水流以吸引鱼类,但流速也不可过大,超过鱼类的突进游速将可能造成鱼类无法进入，一般最佳的诱鱼流速范围为持续速度以上、爆发速度以下。依据 Pavlov（1989）的观点，通常吸引鱼类的流速可为 0.6～0.8U_{crit}。若取 5.3.1 小节所述的平均临界游泳速度 1.0 m/s，则认为进口流速应能够在 0.6～0.8 m/s 的范围比较适宜。

2. 集鱼通道段流速

集鱼通道内的流速应高于鱼类的感应流速，这样鱼类不易掉转方向游出通道，同时也不可大于鱼类持续游泳速度，这样鱼类不会在通道内产生疲劳，因此通道内流速应介于感应流速和持续游泳速度之间。上文已述最大感应流速约为 0.13 m/s，持续速度和耐久速度的分界值在 0.80 m/s 附近。根据以上研究和分析，集鱼通道内流速建议为 0.13～0.80 m/s，最大控制流速按照 0.80 m/s 控制，平均流速按照 0.47 m/s 进行控制。

3. 集鱼池流速

鱼类进入集鱼池后，需要在集鱼池内停留较长时间，为防止鱼类在集鱼池内产生疲劳，集鱼池内流速不可过大，须保证鱼类能够在其中持续游泳而不产生疲劳，集鱼池最大流速可参照集鱼通道的平均流速来设定，因而建议集鱼池最大流速为 0.47 m/s。同时集鱼池内流速也不可过小，以免鱼类难以分清方向而可能从反方向逃逸，因此集鱼通道内最小流速应大于感应流速 0.13 m/s。

5.4 对未来鱼类行为和过鱼设施研究的建议

近年来全球水利水电工程呈现爆发式增长（Zarfl & Lumsdon，2015），虽然它们带来了巨大经济与社会效益，但是它们不可避免地会对当地及洄游经过当地的鱼类的栖息环境产生较大影响。经过 20 世纪及 21 世纪初的发展，国外积累了大量鱼类游泳特性研究与过鱼设施设计的相关数据，但国内的相关数据及经验积累相对较少。与此同时，随着人类对鱼类游泳特性认识上的加深，一些曾经未被重视，甚至很少被知晓的问题开始逐步暴露。

5.4.1 推进复杂流场条件下鱼类游泳特性的研究

自然水体及过鱼设施中的流场均为湍流，湍流流场对鱼类游泳特性的影响及其对过鱼设施内过鱼效率的影响较为复杂，至今关于鱼类游泳特性对湍流的定量响应，以及过鱼设施内流场对鱼类运动行为影响研究仍较为缺乏。弄清鱼类在复杂流场中如何利用水力学条件进行精细尺度上的游泳轨迹选择，对过鱼设施设计标准的改进具有重要意义。当前，国外已有较多关于复杂流场下鱼类游泳特性的研究，而国内研究较为缺乏。

传统的鱼类游泳能力研究主要基于室内实验，并建立了各种游泳能力评价模型，但这些基于室内实验的结果往往不同于鱼在自然水体或鱼道中的表现。室内实验相当于假设了鱼周围的流速是固定的。但通过观测鱼在接近自然流场下自由游泳行为，发现这种假设并不成立（Peterson et al.，2013；Peake & Farrell，2004）。近来已有研究表明，室内封闭式水槽中的实验结果大大低估了鱼类在鱼道中的游泳能力，此外，封闭式水槽中的游泳能力测试方法为强迫式游泳，而非自主式游泳，故其实验结果用于评估鱼类游泳特性或用于鱼道设计时，会受到一定限制。近年来，越来越多的研究者采用开放式水槽或槽内增加障碍物的封闭/开放式水槽来进行游泳特性的研究。此种水槽更接近于鱼道中的复杂流场，故其实验结果用于鱼道设计时，将更有助于提高鱼道的过鱼效果。此外需要注意的是，各种水槽设备构造和尺寸的差异会对鱼类行为测试结果产生影响（Kern et al.，2018）。

虽然笔者已在前文环境因素（水流）对鱼类游泳特性的影响及评价章节阐述了本研究组的基于复杂流场条件下的鱼类游泳特性研究相关结果，但由于复杂流场条件下鱼类游泳特性研究十分重要，因此笔者在下文介绍了更多的国外关于复杂流场相关研究，供读者参考。

1. 常见的研究装置及方法概述

1）设计简单的倾斜开放水槽

Peake（2008）将河鳟置于开放水槽中（图 5.1），使其在一定流速下自由游动 2 h，通过视频分析，测定了河鳟幼鱼由稳定游动转换至不稳定游动时的速度。

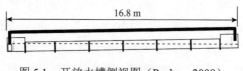

图 5.1　开放水槽侧视图（Peake，2008）
水平虚线表示水面高度，两端竖直虚线表示拦网

图 5.2 开放水槽的宽度可以调节，由泵控制流量，且可通过改变水槽坡度和宽度来改变水流速（Dockery，2015）。研究者通过改变水槽中水的流速及温度，测定了加拿大鱊鲈（*Sander Canadensis*）和吻鱥（*Rhinichthys cataractae*）在各流速下的通过率，最大上溯距离，最大冲刺速度及开始不稳定游泳时的流速。

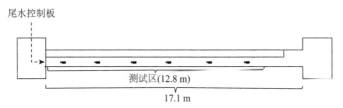

图 5.2 明渠水槽主视图（Dockery，2015）

2）可改变湍流度的开放水槽

此开放水槽由 Lupandin（2005）设计（图 5.3），其上游安装了一套管束，改变管束中各小管的内径及形状，可得到不同的湍流度。Lupandin（2005）在此水槽中测定了湍流对赤鲈（*Perca fluviatilis*）游泳速度的影响。

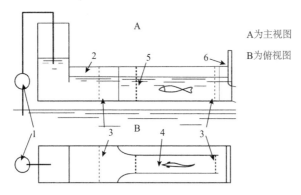

图 5.3 实验装置图（Lupandin，2005）
1. 泵；2. 水槽；3. 拦鱼网；4. 水槽工作区；5. 引发湍流的管束；6. 控制桨

3）增加侧面粗糙度的水槽

游泳测试水槽为封闭式水槽（Nikora et al.，2003）（图 5.4），但装置中的一条直管管路两侧安装了波纹管以增加粗糙度，另一直管管路为光滑壁面，通过泵驱动水流循环流动。粗糙管的上游侧有一筛网，堵塞筛网的部分空间可以调节管内的湍流程度。高清摄像头记录实验鱼的游泳速度。Nikora 等（2003）在此装置中研究了大斑南乳鱼（*Galaxias maculatus*）的游泳速度与湍流程度的关系。

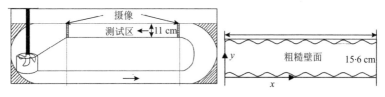

图 5.4 游泳测试水槽示意图（Nikora et al.，2003）

管壁粗糙度可变的循环开放水槽为开放式水槽（Newbold & Kemp，2015）

（图 5.5），在两侧安装波纹管以增加管壁粗糙度，并通过改变波纹管的波长和波幅，改变流场的湍流程度，由离心泵驱动水流，摄像头记录实验鱼游泳行为。Newbold 和 Kemp（2015）以常见鲤（*Cyprinus carpio*）为对象，在此水槽测定了管壁粗糙度对游泳特性的影响，探讨了是否低流速区域越大，鱼所表现的耐力越强。

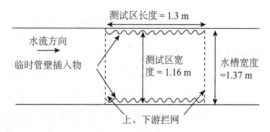

图 5.5　管壁粗糙度可变的循环式开放水槽测试区平面图（Newbold & Kemp，2015）

4）内部增加障碍物的开放水槽

（1）底部增加半球形障碍物（图 5.6）。此水槽坡度为 1∶1000，底部均匀放置类似半球形的鹅卵石，流量及水深一定（Hockley et al.，2014）。此装置可用于观测非均匀流条件下，实验鱼对河流微生境选择特征。

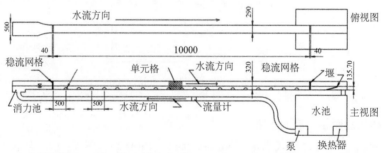

图 5.6　底部铺设鹅卵石的开放水槽示意图（Hockley et al.，2014）（尺寸单位：mm）

（2）两侧增加砖块，见图 5.7。以 2～4 块砖为一组，如图均匀放置在水槽两侧。上游放置四块砖构建躲避区，进出口均设有拦网。通过调节水槽内流速及每组中的砖块个数改变流场的湍流程度，可研究不同湍流场中鱼类游泳行为的响应（Goettel et al.，2015）。

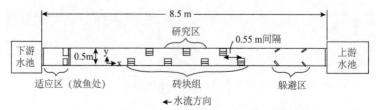

图 5.7　实验水槽俯视图（Goettel et al.，2015）

（3）上游侧插入圆柱阵列，见图 5.8。Tritico 和 Cotel（2010）在水槽测试区上游插入不同半径的圆柱列，圆柱列为横向或纵向排列，研究流场中涡直径、涡量和涡轴方向对游泳能力及行为的影响。

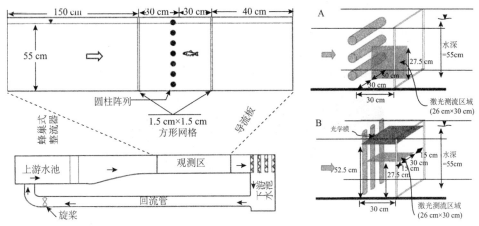

图 5.8　水槽及测试区侧视图示意图（Tritico&Cotel，2010）

A 水平放置的圆柱；B 垂直放置的圆柱

5）仿鱼道式水槽

图 5.9（Cheong et al.，2006）与图 5.10（Cocherell et al.，2011）为仿鱼道式

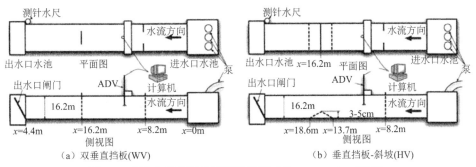

（a）双垂直挡板(WV)　　　　　（b）垂直挡板-斜坡(HV)

图 5.9　实验水槽俯视及侧视示意图（Cheong et al.，2006）

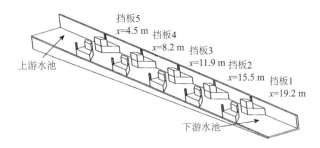

图 5.10　实验水槽三维示意图（Cocherell et al.，2011）

水槽，均是在一定坡度的水槽内设置类似竖缝或挡板之类障碍物，通过改变坡度、流速、水深或障碍物尺寸等，可测试实验鱼通过障碍物的成功率、运动特征及生理响应等，找出影响鱼类成功通过鱼道的主要因素。

6）改变涡流程度的封闭水槽

为了探索漩涡对鱼类游泳行为的影响，Maia 等（2015）将 4 个小涡轮安装在封闭水槽中（图 5.11），通过改变水流速及涡轮转速，考察不同漩涡状态下实验鱼的运动特征及氧气消耗，验证漩涡是否是鱼类洄游过程中能量消耗的主要原因。

图 5.11　鱼类呼吸及运动学实验装置示意图（Maia et al.，2015）

本课题组将具有均匀流场的游泳呼吸仪进行改造（图 5.12、图 5.13），在封闭水槽中增加障碍物，研究复杂流场下鱼类游泳特性并与均匀流场下的实验结果进行比较，比较临界游泳速度、摆尾频率及运动代谢的变化。

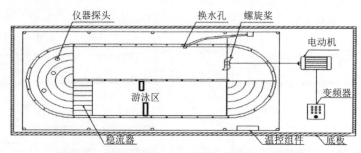

图 5.12　游泳区增加了挡板的游泳呼吸仪示意图

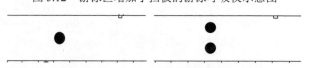

图 5.13　游泳区增加了一个或两个圆柱的游泳呼吸仪简图

2. 描述复杂流场的主要参数及对游泳能力的影响

1）时均速度模量 V_m（time-averaged velocity magnitude）

$$V_m = \sqrt{\overline{u}^2 + \overline{v}^2 + \overline{w}^2}$$

式中：$\overline{u}, \overline{v}, \overline{w}$ 分别为 x，y，z 三个方向的时均速度。流速是鱼道设计考虑的最主

要因素。为了使鱼通过鱼道，设计流速必须小于鱼所能达到的最大游速，此外还要考虑鱼的游泳距离及耐力，流速较低时，鱼可以游过更长的距离。

2）湍动能 TKE（turbulent kinetic energy）

$$TKE = \frac{1}{2}(u'^2 + v'^2 + w'^2)$$

式中：u'^2，v'^2 和 w'^2 分别为沿水流方向、横断流方向及垂直方向的速度。湍动能是描述湍流的参数之一，也将潜在影响鱼类通过鱼道的效率。与低湍流区相比，鱼在高度湍流的地方将消耗更多的能量（Enders et al.，2005）。如大西洋鲑鱼（*Salmo salar*）（体重=4.3～17.6 g）在 TKE 0.01436 m^2/s^2 的流体中的运动能耗比 TKE 0.00688 m^2/s^2 的流体中增加 25%（Enders et al.，2005），且与层流条件相比，湍流场中鱼的游泳能力显著下降（Pavlov et al.，2000）。因此设计鱼道时，不能仅考虑流速的分布，还应考虑流场中 TKE 的大小，即使在流速较低的区域，若 TKE 较高，鱼的游泳能力及鱼道通过率均会下降。将 TKE 除以时均速度模量 V_m 可得到相对湍流强度（=TKE/V_m），Pavlov 等（2000）的研究表明，当相对湍流强度增加 2 倍，鲍鱼与湖拟鲤的临界游泳速度下降 50%。但低温下增加流场的湍流强度及宽度-深度比值，可以延迟边界层分离，从而可以降低摆尾频率，增加游速和游泳步长（Cheong et al.，2006）。

3）涡量 ω_z（vorticity）

ω_z 表示水平方向（x，y 方向）的涡量，即沿 z 轴旋度。

$$\omega_z = \frac{1}{2}\left(\frac{\partial \overline{u}}{\partial y} - \frac{\partial \overline{v}}{\partial y}\right)$$

式中：$\frac{\partial \overline{u}}{\partial y}$ 和 $\frac{\partial \overline{v}}{\partial y}$ 分别为沿 x 轴和 y 轴的角速度。$\omega_z \leqslant 3.0 \ s^{-1}$ 为低，$\geqslant 3.0 \ s^{-1}$ 为高。

涡量尺寸对游泳能力的影响也被用于鱼道设计的评价。研究发现当涡流在水平方向的直径超过 0.50～0.75 倍鱼体长时，鱼的游泳能力将受到影响（Marriner et al.，2014）。当鱼的旋转方向与漩涡旋转方向一致，鱼将转向下游游动。为了维持平衡，鱼将利用胸鳍维持所处的空间位置。由于在维持平衡上消耗了更多的能量，鱼类用于游泳的能量减少，游泳能力降低。Tritico 和 Cotel（2010）通过研究涡直径、涡量和涡轴向对黑斑须雅罗鱼（*Semotilus atromaculatus*）的影响，发现轴线为横向的涡对鱼类的影响大于轴线为纵向的涡，当涡直径达到鱼全长的 76%时鱼会迷失方向，鱼类在竖向涡为主和横向涡为主的紊流中临界游泳速度分别减少了 10%和 22%。

4）湍流数 k（turbulence number）和湍流尺度 L（scale of turbulence）

$$k = \sigma / V_{c'}$$

式中：σ 为瞬时流速的均方根偏差；$V_{c'}$ 为时均流速。

$$L = t_0 V_{c'}$$

式中：t_0 为流速相关性系数降到零时的时间间隔。湍流尺度可用于描述流体中漩涡的尺寸。湍流数和湍流尺度可用于评价瞬时流速的变化大小（Lupandin，2005）。湍流数对鱼的游泳能力有显著影响，但影响程度随鱼体长的变化而变化。湍流尺度反映了漩涡的大小，对河鲈（*Perca fluviatilis*）来说，当湍流尺度超过鱼体长 2/3 时，鱼的游泳能力开始下降（Lupandin，2005）；而当漩涡直径达到黑斑须雅罗鱼（*Semotilus atromaculatus*）鱼体长度的 3/4 时，将无法维持身体平衡（Tritico & Cotel，2010）。与湍流数相比，漩涡是降低游泳能力的主要因素，同样的湍流数条件下，若漩涡较小，体长较长的鱼几乎不受影响。

5）湍流剪切力（turbulent shear stress，Reynolds stress）

$$\tau_{uv} = \left| \rho \overline{u'v'} \right| \quad \tau_{uw} = \left| \rho \overline{u'w'} \right| \quad \tau_{vw} = \left| \rho \overline{v'w'} \right|$$

式中：ρ 为流体密度；$u'v'$，$u'w'$ 和 $v'w'$ 为瞬时速度脉动值的协方差。剪切力是由于流体质点的不规则移动及不同流速的质点发生动量传递而产生的。鱼道内的回流区具有低流速、高湍动能和高剪切力，通常鱼在此区域的停留时间最短。

Silva（2011）发现流体的水平剪切力与博氏魮（*Luciobarbus bocagei*）在鱼道中的通过时间呈显著负相关。因此，观测鱼类游泳行为时，还应考虑剪切力这一重要的湍流特性。

Goettel 等（2015）认为，鱼更喜欢稳定的湍流场，而不是选择湍流度更高或更低的区域。遇到湍流面积增加时，鱼会采用各种策略来保持上溯游动，如调整游泳路径、冲刺或与同种个体结合游动以获得水力上的优势。

6）鱼体雷诺数

$$Re = UL / \nu$$

式中：U 为游速；L 为鱼总长；ν 为流体的运动黏度。此参数可将鱼的行为与周围水力学变量结合，它反映了鱼游动过程中所受阻力的大小。小鱼的雷诺数低，则具有较高的阻力系数（Sagnes et al.，2000），游泳过程中的能量损失大，同样的游速下游泳时间减少。但雷诺数与阻力系数的相关性机理仍未弄清（Schultz & Webb，2002）。

5.4.2　扩大过鱼设施目标研究对象的种类

笔者与国外过鱼设施同行交流发现，一般来说在国外河流上受所建水利水电工程影响的区内分布的鱼种一般不超过 30 种。国外大部分已建过鱼设施将其中绝大部分鱼种或者全部鱼种均列为过鱼对象，其建设过鱼设施时所需考虑的鱼种大约为 20 余种或者以下。但经笔者查阅国内水利水电工程环境评估报告及批复意见、过鱼设施设计报告等资料发现，长江中下游、金沙江中下游、珠江中下游等流域的工程影响区均有众多鱼类(每个工程影响区分布的鱼类约为 100~150 种)，部分流域的上游所建工程影响区所分布的鱼类较少（约为 5~20 种），基于鱼类保护等级、资源量、洄游需求等指标选取了其中 5~10 种鱼类作为主要过鱼对象，其他鱼类作为兼顾过鱼对象。过鱼设施则主要根据上述主要过鱼对象来设计。由于不同鱼类的游泳特性不一样，一种过鱼设施和相关配套措施很难同时满足众多鱼类的需求，确定主要过鱼对象的做法虽然减小了过鱼设施的设计难度，但却给未来的鱼类群落结构的稳定性埋下隐患，从理论上来说这种做法很可能使得实际过鱼设施运行后某些鱼类无法通过该过鱼设施，使其不能顺利完成生活史，种群生存受到威胁。倘若根据影响区内所有鱼类游泳特性来设计过鱼设施，则会使得设计工作难度非常大，且至今暂未看到有关的有效创新设计出现。考虑国内游泳特性研究及过鱼设施设计尚处于不成熟阶段，因而现行的上述做法暂时可行，但为了能赶上甚至超过国际现有水平，需要国内同行共同努力发明创新设计。

5.4.3　评估鱼类通过过鱼设施后产生的生理学损伤

现阶段大部分研究和设计仅仅针对如何帮助鱼类通过水利水电工程。但未考虑过坝后的鱼类是否可能受到损伤，并且是否造成其生存力下降。过鱼设施进口和池室间过鱼孔的流速较大，鱼类通过过鱼设施时，不可避免需要使用爆发游泳速度和临界游泳速度上溯。但若鱼类频繁这样高速运动，其肌肉和血液将积累大量乳酸和其他有害物质（李黎 等，2007；Richards et al.，2002；Colavecchia et al.，1998），会使鱼类受到损伤甚至死亡（Burnett et al.，2014；Roscoe et al.，2011；郑金秀 等，2010）。如果过鱼设施设计的科学性不强，过鱼设施内的水流特征不能适应该流域鱼类的游泳特性，则会使得鱼类为了在鱼道内上溯而频繁地竭力挣扎、运动，继而使得鱼类受伤，甚至死亡。诚然，在设计或评价过鱼设施时，首先应考虑的是鱼类能否通过过鱼设施翻越大坝。但在通过大坝时是否会对鱼类产生损伤也非常值得考虑。如果鱼类在通过设计欠佳的过鱼设施后，运动疲劳使鱼类受到了损伤，其游泳特性受到改变（如游泳能力下降继而捕食或逃逸能力也下降），它们将面临十分严峻的后续生存挑战。因此，评估运动疲劳对游泳特性的影响十分重要。Wood 等（1983）研究发现鲑鱼在被迫以爆发游泳速度后致死率达到40%，Fang 等（2017）通过对比实验发现慢速度长距离运动产生的疲劳比快速度短距离运动产生的疲劳会更为显著的降低中华鲟幼鱼游泳能力，众多研究表明鱼类运动疲劳后，其游泳能力快速下降（Cai et al.，2015，2014a；蔡露 等，2013；Jain等，1998）。文献资料表明：溶氧水平、温度、食物营养、鱼类健康程度等因素都会影响鱼类力竭运动后疲劳恢复能力（Wagner et al.，2004；Farrell et al.，1998）。监测并评估鱼类通过过鱼设施后产生的生理学损伤十分重要。

5.4.4 建立鱼类游泳特性研究数据处理的标准化方法

如今国内已经建立了一些鱼类游泳能力在过鱼设施设计中应用的相关导则和规范（中华人民共和国能源局，2015；中华人民共和国水利部，2013），但导则和规范中的测试和计算方法并不够详尽。例如一定量的样本测试鱼可能得到大不相同的游泳能力数据，但如何确定该种鱼的游泳能力参数值仍然未明确。对鱼类游泳特性的数据处理方法有多方式，例如平均值法（算数平均、几何平均、平方平均）、中位数法、函数拟合法等（Cai et al.，2018a；Brett，1967）。在有限的样本量测试时，不同数据处理方式对应的数据分析结果可能具有较大的差异。因此，亟需政府有关部门和业内人士尽快深入研究并以行业内规范、导则或者其他方式将鱼类游泳特性研究数据进一步标准化。

5.4.5 建立过鱼设施效果监测的统一标准

科学的设计过鱼设施固然重要，但另一重要的工作则是对过鱼设施实际运行效果进行全面监测评估，监测鱼类在通过过鱼设施时所表现出来的游泳特性及其变化，找出设计、建设过程中存在的问题，为过鱼设施功能完善和优化提供依据和积累经验（Nyqvist et al.，2017；Castro-Santos et al.，2017；Santos et al.，2016）。过鱼设施效果监测评价为过鱼设施运行过程中的一个必要环节。

根据鱼类常趋于边壁运动且很难克服高流速障碍的原理，Zitek 等（2009）设计并报道了一种易于捕获通过过鱼设施的鱼类设备，可为监测过鱼设施提供良好技术支撑。近年来部分欧美国家出台的相应法规明确指出了过鱼设施运行效果评价工作的重要性和必要性，如欧洲的水框架指令（European Water Directive Framework）、美国的水电运行许可（Hydropower Licensing）中明确规定了过鱼运行效果监测评价相关具体内容。然而，由于过鱼设施目标过鱼对象的特有性和评价工作的复杂性，截止当前，加拿大、美国、日本等国家主要采用长期的科研课题方式进行目标过鱼对象的监测与评价，并未建立统一的技术标准或规范。英国、奥地利、德国等国虽制定了各自的过鱼设施监测评价体系，但是由于监测和评价指标差异，相关工作结果无法进行比较。规范过鱼设施效果监测与评价为当前的全球性问题。为此，欧盟标准化委员会（European Committee for Standardization）也正在努力并制定统一的过鱼设施监测规范标准。近年来中国正在进行大量的过鱼设施设计和施工，围绕建成后投入运行的效果监测也必将全面开展。针对当前的运行、监测和评价现状，存在一定量的过鱼设施在建成后未投入使用或者因为效果不理想而放弃使用。已开展的过鱼设施效果监测工作中，由于监测和评价指标不确定、监测技术单一、持续周期不够、各类技术方法应用的目的和获得指标的意义不明确等，观测结果凌乱，缺乏可比较性和系统性。

参 考 文 献

蔡露, 涂志英, 黄应平, 等, 2012. 鳙幼鱼游泳能力和游泳行为的研究与评价[J]. 长江流域资源与环境, 21: 89-95.

蔡露, 刘国勇, 黄应平, 等, 2013. 齐口裂腹鱼幼鱼疲劳后游泳特性恢复状况研究[J]. 水生生物学报, 37: 993-998.

蔡露, 王翔, 侯轶群, 等, 2015. 四川省雅砻江两河口水电站过鱼工程方案设计报告[R]. 武汉: 水利部中国科学院水工程生态研究所.

蔡露, 王伟营, 王海龙, 等, 2018. 鱼感应流速对体长的响应及在过鱼设施流速设计中的应用[J]. 农业工程学报, 34: 176-181.

房敏, 蔡露, 黄应平, 等, 2013. 温度对鲢幼鱼游泳能力及耗氧率的影响[J]. 水生态学杂志, 34: 49-53.

房敏, 蔡露, 黄应平, 等, 2014. 运动消耗对草鱼幼鱼游泳能力的影响[J]. 长江流域资源与环境, 23: 816-821.

傅菁菁, 李嘉, 安瑞冬, 等, 2013. 基于齐口裂腹鱼游泳能力的竖缝式鱼道流态塑造研究[J]. 四川大学学报(工程科学版), 45: 12-17.

甘明阳, 袁喜, 黄应平, 等, 2015. 急性降温对青鱼幼鱼游泳能力的影响[J]. 三峡大学学报(自然科学版), 37: 35-39.

河北省水产局, 1978. 鱼类克服流速能力的试验报告[J]. 水利水运科技情报, 5: 46-54.

侯轶群, 2010. 洄游鱼类的过坝能力试验与鱼道数值模拟[D]. 南京: 河海大学.

李黎, 曹振东, 付世建. 2007. 力竭性运动后鲇鱼幼鱼乳酸、糖原和葡萄糖水平的变动[J]. 水生生物学报, 31: 880-885.

刘慧杰, 王从锋, 刘德富, 等, 2017. 不同运动状态下鳙幼鱼的游泳特性研究[J]. 南方水产科学, 2017, 13: 85-92.

涂志英, 袁喜, 王从峰, 等, 2012. 亚成体巨须裂腹鱼游泳能力及活动代谢研究[J]. 水生生物学报, 36: 682-688.

熊锋, 王从锋, 刘德富, 等, 2014. 松花江流域青鱼、草鱼、鲢及鳙突进游泳速度比较研究[J]. 生态科学, 33: 339-343.

叶超, 王珂, 黄福江, 等. 2013. 异齿裂腹鱼游泳能力初探[J]. 淡水渔业, 43: 33-37.

袁喜, 涂志英, 黄应平, 等, 2012. 流速对细鳞裂腹鱼游泳行为及能量消耗影响的研究[J]. 水生生物学报, 36: 270-275.

袁喜, 黄应平, 靖锦杰, 等, 2016. 铜暴露对草鱼幼鱼代谢行为的影响[J]. 农业环境科学学报, 35: 261-265.

张沙龙, 2014. 长丝裂腹鱼和短须裂腹鱼的游泳能力和游泳行为研究[D]. 武汉: 华中农业大学.

郑金秀, 韩德举, 胡望斌, 等, 2010. 与鱼道设计相关的鱼类游泳行为研究[J]. 水生态学杂志, 3: 104-110.

中华人民共和国能源局, 2015. NB/T 35054—2015, 水电工程过鱼设施设计规范[S]. 北京: 中国电力出版社.

中华人民共和国水利部, 2013. SL609-2013, 水利水电工程鱼道设计导则[S]. 北京: 中国水利水电出版社.

AMARAL S D, BRANCO P, KATOPODIS C, et al., 2018.To swim or to jump? Passage behaviour of a potamodromous cyprinid over an experimental broad-crested weir[J]. River Research and Applications, 34: 174-182.

BEHRENS J W, PRAEBEL K, STEFFENSEN J F, 2006. Swimming energetics of the Barents Sea capelin (*Mallotus villosus*) during the spawning migration period[J]. Journal of Experimental Marine Biology and Ecology, 331: 208-216.

BRETT J R, 1964. The respiratory metabolism and swimming performance of young sockeye salmon[J]. Journal of the Fisheries Board Research of Canada, 21: 1183-1226.

BRETT J R, 1967. Swimming performance of Sockeye Salmon (*Oncorhynchus nerka*) in relation to fatigue time and temperature[J]. Journal of the Fisheries Research Board of Canada, 24: 1731-1741.

BURNETT N J, HINCH S G, BRAUN D C, et al., 2014. Burst swimming in areas of high flow: Delayed consequences of anaerobiosis in wild adult Sockeye salmon[J]. Physiological and Biochemical Zoology, 87: 587-598.

CAI L, TAUPIER R, JOHNSON D, et al., 2013. Swimming capability and swimming behavior of juvenile *Acipenser schrenckii*[J]. Journal of Experimental Zoology Part A, 319: 149-155.

CAI L, CHEN L, JOHNSON D, et al., 2014a. Integrating water flow, locomotor performance and respiration of Chinese sturgeon during multiple fatigue-recovery cycles[J]. PLoS One, 9: e94345.

CAI L, FANG M, JOHNSON D, et al., 2014b. Interrelationships between feeding, food deprivation and swimming performance in juvenile grass carp[J]. Aquatic Biology, 20: 69-76.

CAI L, LIU G, TAUPIER R, et al., 2014c. Effect of temperature on swimming performance of juvenile *Schizothorax prenanti*[J]. Fish Physiology and Biochemistry, 2014, 40: 491-498.

CAI L, JOHNSON D, MANDAL P, et al., 2015. Effect of exhaustive exercise on the swimming capability and metabolism of juvenile Siberian sturgeon[J]. Transactions of the American Fisheries Society, 144: 532-539.

CAI L, HOU Y, JOHNSON D, et al., 2018a. Swimming ability and behavior of Mrigal carp (*Cirrhinus mrigala*) and application to fishway design[J]. Aquatic Biology, 27: 127-132.

CAI L, KATOPODIS C, JOHNSON D, et al., 2018b. Case study: Targeting species and applying swimming performance data to fish lift design for the Huangdeng Dam on the upper Mekong River[J]. Ecological Engineering, 122: 32-38.

CASTRO-SANTOS T, 2005. Optimal swim speeds for traversing velocity barriers: An analysis of volitional high-speed swimming behavior of migratory fishes[J]. Journal of Experimental Biology, 208: 421-432.

CASTRO-SANTOS T, SHI X, HARO A, 2017. Migratory behavior of adult sea lamprey and cumulative passage performance through four fishways[J]. Canadian Journal of Fisheries and Aquatic Sciences, 74: 790-800.

CHEN K Q, TAO J, CHANG Z N, et al., 2014. Difficulties and prospects of fishways in China. An overview of the construction status and operation practice since 2000[J]. Ecological Engineering, 70: 82-91.

CHEONG T S, KAVVAS M L, ANDERSON E K, 2006. Evaluation of adult white sturgeon swimming capabilities and applications to fishway design[J]. Environmental Biology of Fishes, 77: 197-208.

COCHERELL D E, KAWABATA A, KRATVILLE D W, et al., 2011. Passage performance and physiological stress response of adult white sturgeon ascending a laboratory fishway[J]. Journal of Applied Ichthyology, 27: 327-334.

COLAVECCHIA M, KATOPODIS C, GOOSNEY R, et al., 1998. Measurement of burst swimming performance in wild Atlantic salmon (*Salmo salar L*) using digital telemetry[J]. Regulated Rivers: Research & Management, 14: 41-51.

DOCKERY D R, 2015. Relationships among swimming performance, behavior, water velocity, temperature, and body size for sauger *sander canadensis* and longnose dace *rhinichthys catarctae*[D]. Montana: Montana State University.

ENDERS E C, BOISCLAIR D, TOY A G, 2005. A model of total swimming costs in turbulent flow for juvenile Atlantic salmon (*Salmo salar*) [J]. Canadian Journal of Fisheries and Aquatic Sciences, 62: 1079-1089.

FANG M, CAI L, GAO Y, et al., 2017. Swimming and recovery abilities of juvenile Chinese sturgeon[J]. Transactions of American Fisheries Society, 146: 1186-1192.

FARRELL A P, GAMPERL A K, BIRTWELL I K, 1998. Prolonged swimming, recovery and repeat swimming performance of mature Sockeye Salmon *Oncorhynchus nerka* exposed to moderate hypoxia and pentachlorophenol[J]. Journal of Experimental Biology, 201: 2183-2193.

FU S J, CAO Z D, YAN G J, et al., 2013. Integrating environmental variation, predation pressure, phenotypic plasticity and locomotor performance[J]. Oecologia, 173: 343-354.

GAUTAM B R, LI F, RU G, 2014. Climate change risk for hydropower schemes in Himalayan region[J]. Environmental Science & Technology, 48: 7702-7703.

GOETTEL M T, ATKINSON J F, BENNETT S J, 2015. Behavior of western blacknose dace in a turbulence modified flow field[J]. Ecological Engineering, 74: 230-240.

HOCKLEY F A, WILSON C A M E, BREW A, et al., 2014. Fish responses to flow velocity and turbulence in relation to size, sex and parasite load[J]. Journal of the Royal Society Interface, 11: 1-11.

HOLMQUIST L, KAPPENMAN K, BLANK M D, et al., 2018. Sprint swimming performance of

Shovelnose sturgeon in an open-channel flume[J]. Northwest Science, 92: 61-71.

JAIN K E, BIRTWELL I K, FARRELL A P, 1998. Repeat swimming performance of mature sockeye salmon following a brief recovery period: A proposed measure of fish health and water quality[J]. Canadian Journal of Zoology, 76: 1488-1496.

KATOPODIS C, WILLIAMS J G, 2012. The development of fish passage research in a historical context[J]. Ecological Engineering, 48: 8-18.

KATOPODIS C, CAI L, JOHNSON D, 2019. Sturgeon survival: The role of swimming performance and fish passage research[J]. Fisheries Research, 212: 162-171.

KERN P, CRAMP R L, GORDOS M A, et al., 2018. Measuring U_{crit} and endurance: Equipment choice influences estimates of fish swimming performance[J]. Journal of Fish Biology, 92: 237-247.

LUPANDIN A I, 2005. Effect of flow turbulence on swimming speed of fish[J]. Biology Bulletin, 32: 461-466.

MAIA A, SHELTZER A P, TYTELL E D, 2015. Streamwise vortices destabilize swimming bluegill sunfish (*Lepomis macrochirus*) [J]. Journal of Experimental Biology, 218: 786-792.

MARRINER B A, BAKI A B M, ZHU D Z, et al., 2014. Field and numerical assessment of turning pool hydraulics in a vertical slot fishway[J]. Ecological Engineering, 63: 88-101.

NEWBOLD L R, KEMP P S, 2015. Influence of corrugated boundary hydrodynamics on the swimming performance and behaviour of juvenile common carp (*Cyprinus carpio*) [J]. Ecological Engineering, 82: 112-120.

NIKORA V I, ABERLE J, BIGGS B J F, et al., 2003. Effects of fish size, time-to-fatigue and turbulence on swimming performance: A case study of *Galaxias maculatus*[J]. Journal of Fish Biology, 63: 1365-1382.

NYQVIST D, MCCORMICK S D, GREENBERG L, et al., 2017. Downstream migration and multiple dam passage by Atlantic salmon smolts[J]. North American Journal of Fisheries Management, 37: 816-828.

PAVLOV D S, 1989. Structures assisting the migrations of non-salmonid fish: USSR[R]. FAO Fisheries Technical Paper, 308, 1-97.

PAVLOV D S, LUPANDIN A I, SKOROBOGATOV M A, 2000. The effects of flow turbulence on the behaviour and distribution of fish[J]. Journal of Ichthyology, 40: 232-261.

PEAKE S J, FARRELL A P, 2004. Locomotorybehaviour and post-exercise physiology in relation to swimming speed, gait transition, and metabolism in free-swimming smallmouth bass *Micropterus dolomieu*[J]. Journal of Experimental Biology, 207: 1563-1575.

PEAKE S J, 2008. Gait transition speed as an alternate measure of maximum aerobic capacity in fishes[J]. Journal of Fish Biology, 72: 645-655.

PETERSON N P, SIMMONS R K, CARDOSO T, et al., 2013. A probalistic model for assessing passage performance of coastal cutthroat trout through corrugated metal culverts[J]. North American Journal of Fisheries Management, 33: 192-199.

RICHARDS J G, HEIGENHAUSER G J F, WOOD C M, 2002. Lipid oxidation fuels recovery from exhaustive exercise in white muscle of rainbow trout[J]. American Journal of Physiology –

Regulatory Integrative and Comparative Physiology, 282: R89-R99.

ROSCOE D W, HICNCH S G, COOKE S J, et al., 2011. Fishway passage and post-passage mortality of up-river migrating Sockeye salmon in the Seton River, British Columbia[J]. River Research and Applications, 27: 693-705.

SAGNES P, CHAMPAGNE J Y, MOREL R, 2000. Shifts in drag and swimming potential during grayling ontogenesis: Relations with habitat use[J]. Journal of Fish Biology, 57: 52-68.

SANTOS J M, RIVAES R, OLIVEIRA J, et al., 2016. Improving yellow eel upstream movements with fish lifts[J]. Journal of Ecohydraulics, 1: 50-61.

SCHULTZ W W, WEBB P W, 2002. Power requirements of swimming: Do new methods resolve old questions[J]. Integrative and Comparative Biology, 42: 1018-1025.

SILVA A T, SANTOS J M, FERREIRA M T, et al., 2011. Effects of water velocity and turbulence on the behaviour of Iberian barbel (*Luciobarbus bocagei*, Steindachner 1864) in an experimental pool-type fishway[J]. River Research and Applications, 27: 360-373.

TRITICO H M, COTEL A J. 2010. The effects of turbulent eddies on the stability and critical swimming speed of creek chub (*Semotilus atromaculatus*) [J]. Journal of Experimental Biology, 213: 2284-2293.

TU Z, LI L, YUAN X, et al., 2012. Aerobic swimming performance of juvenile Largemouth bronze gudgeon (*Coreius guichenoti*) in the Yangtze River[J]. Journal of Experimental Zoology, 317: 294-302.

WAGNER G N, BALFRY S K, HIGGS D A, et al., 2004. Dietary fatty acid composition affects the repeat swimming performance of Atlantic salmon in seawater[J]. Comparative Biochemistry and Physiology Part A, 137: 567-576.

WEIHS D, 1985. Fish locomotion: by R. W. Blake[M]. London: Cambridge University Press: 1-208.

WOOD C M, TURNER J D, GRAHAM M S, 1983. Why do fish die after severe exercise[J]. Journal of Fish Biology, 22: 189-201.

YAGCI O, 2010. Hydraulic aspects of pool-weir fishways as ecologically friendly water structure[J]. Ecological Engineering, 36: 36-46.

YUAN X, LI L, TU Z, et al., 2014. The effect of temperature on fatigue induced changes in the physiology and swimming ability of juvenile *Aristichthys nobilis* (Bighead carp) [J]. Acta Hydrobiologica Sinica, 38: 505-509.

ZARFL C, LUMSDON A E, 2015. Aglobal boom in hydropower dam construction[J]. Aquatic Sciences, 77: 161-170.

ZITEK A, MUHLBAUER M, SCHMUTZ S, 2009. A low cost, flood-resistant weir to monitor fish migration in small-and medium-sized rivers[J]. Fisheries Management and Ecology, 16: 413-419.